A. M. von Thümmels
sämmtliche Werke

Erster Band.

Vermischte Gedichte.

Leipzig
bei Georg Joachim Göschen 1820.

Inhalt.

Vermischte Gedichte:

Brief an Herrn von Bose, als er aus Frankreich nach Italien reiste. Im Jahr 1764. Seite 3

An eine Dame bei ihrem zwei und siebenzigsten Geburtstage = = — 10

Im Namen Ihrer Kaiserl. Hoheit der Großfürstin Anna von Rußland, da sie auf einem Ball zum Geburtstag ihrer Durchlauchtigsten Frau Mutter als Titania erschien = = = = — 13

In das Stammbuch der Madame Hendel in Bezug auf ihre mimischen Vorstellungen zu Gotha den 17. Januar 1810. = — 15

Bitte eines Liebhabers an seine junge Geliebte, mit der er schon einige Zeit versprochen war = = = — 17

An den Besitzer eines schönen Landgutes, bei Gelegenheit einer verunglückten Beschreibung davon . . . Seite 18
Das gleiche Glück der Ehe . — 19
An ein Fräulein, bei Ueberschickung der ersten Ausgabe der Wilhelmine . — 20
An eine junge Prinzessin bei Uebersendung der fünften Ausgabe der Wilhelmine — 22
Prolog im Namen eines jungen Prinzen bei der Vorstellung eines deutschen Schauspiels an dem Geburtstage seiner Frau Schwester . . . — 26
Das Glück der Liebe . . — 29
Der Zweifler . . . — 30
Der Heldentod . . . — 30
An eine deutsche Dichterin . — 31
Der Besuch . . . — 32
Auf einen Rekruten zur Reichsarmee — 32
An des Herrn Erbprinzen von Mecklenburg-Strelitz Durchlaucht 1805. . — 33
An Ihro Königl. Hoheit, die Churprinzessin von Hessen, die den Autor, als er eben in Berlin war, zu seinem Geburtstage,

im Mai 1807, mit einem Rosenstock beschenkte . . . Seite 36
Der Vogelsteller . . . — 38
Des Jägers Abendlied . . — 40
Romanze im Namen und zum Vortheil eines reisenden Jägers, der auf einem Jahrmarkte ein ungewöhnlich großes Hirschgeweih für Geld sehen ließ . — 42
Pygmalion an eine junge liebenswürdige Wittwe. 1807. . . . — 48
Das entflogene Haar . . — 58
In das Stammbuch der Fräulein Hofdame von L. . . . . . — 62
Gespräch . . . — 64
Der Leser des Horaz . . — 65
Gespräch . . . — 66
An einen Arzt in sein Stammbuch . — 67
In das Stammbuch einer jungen Fräulein aus einem aufgehobenen Kloster . — 68
In das Stammbuch eines reisenden Russen — 69
Aufschrift auf das Grabmal des Ministers von Rothkirch . . . — 70
Auf dessen Frau Gemahlin . — 70

In das Stammbuch von Dorchen Weiße Seite 71
Gebet eines redlichen Vaters am Vermählungstage seiner geliebten Tochter = — 81
Der Schulze und die Gemeine zu Ketschendorf an dem Geburtstage der regierenden Frau Herzogin von Sachsen = Koburg und Saalfeld, den 19. Jenner 1801. = — 84
Empfindungen eines alten Astrologen an dem Geburtsfeste Ihrer Kaiserl. Hoheit der Frau Großfürstin Maria Paulowna, Erbprinzessin zu Sachsen = Weimar; den 16. Febr. 1810. = = — 88
An Elise = = = — 91
Geringer Beitrag zu der autographischen Sammlung der Frau Gräfin Constance Rzewuska, geb. Prinzessin Lubomirska — 92
Die Inoculation der Liebe — 97
Wilhelmine = = — 139

Vermischte Gedichte.

Brief

an

Herrn von Bose,

als er aus Frankreich nach Italien reiste.

Im Jahr 1764.

Freund, da Dich nun der Tugend sichre Hand
Aus Frankreich führt, dieß überhäufte Land
Von Kunst und Weisheit und von Thoren,
Wo oft das beste Herz, der gründlichste Verstand
Zum Leichtsinn überging, und wo Dein Vaterland
Schon manchen Redlichen verloren:
So danke Gott, daß Du der feinen List
Der Buhlerei entgingst, daß Deine fromme Seele,
Von Spöttern nicht verführt, noch werth der Freund-
schaft ist;
Und freue Dich, und überzähle
Der Laster große Schaar, der Du entgangen bist!

Gleich wie ein wilder Geist in dem Gewächs des Rheines *),
Nach Gallien verpflanzt, den Vorzug unsres Weines,
Die ächte deutsche Kraft erstickt; —
Es reift ein süßes Gift an ungetreuen Stöcken,
Das unsre Nerven reizt, um Wollust zu erwecken,
Gesunde nur berauscht, und Kranke nicht erquickt; —
So wirkt des Leichtsinns Geist, der mit dem stolzen Namen
Der großen Welt, den schwachen Deutschen rührt,
Auf manches Jünglings Herz, erstickt der Tugend Saamen;
Der Dämon, der uns reizt, das Fremde nachzuahmen,
Hat manchen Glücklichen zu einer Bahn verführt,
Die in das Labyrinth des Unglücks sich verliert.
Der Tugend Schatz, den mancher in dem Lande,
Das ihn erzog, mit langem Ruhm bewahrt,
Vertauscht er mit dem Preis der Schande,
Um Frankreichs neue Lebensart.

Wohl dem, der so, wie Du, die Tugend kennt und liebt,
Und sich durch ein Geschäft, das er mit Wollust übt,

*) Es ist bekannt, daß der erste Champagner von den Reben entstanden ist, die von dem Rhein nach Champagne gebracht worden.

Die frohste Zukunft zubereitet!
Der, heiter ohne Stolz, die Zahl der Weisen mehrt,
Selbst, wo er Kenntniß sucht, durch seinen Wandel lehrt,
Bald in der Wahrheit stärkt, bald zu der Wahrheit
leitet!

Du, den Orestens Glück dem Herzen zugeführt,
Das Deinen Werth erkennt, und immer neu gerührt,
Den Vorzug seines Glücks empfunden,
Entziehe Dich, o Freund! nicht länger meiner Brust.
Seit Du Dich ihr entzogst, leb' ich nur im Verlust,
Und kenne keine heitre Stunden.
Schon manchen Tag sah ich mit blassem Gram entstehn,
Und, ohne Freundschaft hingeschmachtet,
Von meinem Herzen selbst verachtet,
In's Grab der Jugend untergehn.

Du, dessen weises Herz kein fernes Land verändern,
Und keins beglückter machen kann,
Wie wendest du in jenen Ländern
Den Vorzug Deiner Jugend an!
Du siehest die Natur in einem andern Plan,
Der Künste Fall in eingestürzten Mauern.
Wenn diese Neigung Dich nur glücklich machen kann,
Freund, Freund, wie bist Du zu bedauern!

Verlaß den Wahn! der Tugend höchster Lohn,
Die Lieb' erwartet Dich in Deinem Vaterlande.
Du gleichest stets dem edlen Grandison
An Tugend, an Gefühl, und an Religion;
O gleiche bald ihm auch an Glück' im Ehestande!
Bekannter mit der Welt, und ihrer Freuden satt,
Wird Dir Dein Vaterland die süßeste noch gönnen.
Denn sollte nicht das Land, das Dich erzogen hat,
Auch eine Biron bilden können?
Nur sey die Liebe nicht so grausam Deiner Ruh,
Und führe Dir zuvor mit der beredten Miene
Der Freundschaft, eine Klementine
Vor Wälschlands Schäferinnen zu!
Dem Jünglinge zum Unterrichte,
Der seine Neugier nährt, sein zärtlich Herz vergißt,
Schrieb Richardson die rührende Geschichte
Des Helden, der ein Muster ist.
Welch ein Zusammenhang von Schmerz,
Ergoß sich nicht auf die sonst heitern Tage
Des tugendhaften Manns! die Quelle seiner Klage
War Klementine und sein Herz.
O stelle sie Dir doch im Bilde
Mit allem Reiz der Unschuld dar,
Die freudig, rührend, sanft und milde,
Rein wie der Glanz, den einst auf Edens Lustgefilde

Das erste Morgenroth gebahr,
Auf ihrer Stirn gezeichnet war;
Und denke, wie sich nun in ihren edlen Blicken
Um ihres Freundes Wohl der Schwermuth Zähre mischt,
Die seine Hand mit traurigem Entzücken,
Von ihren blassen Wangen wischt,
Die in der Blüte schon, den Rosen gleich, ersticken,
Wenn sie der Sonne Strahlen drücken,
Und kühlend sie kein West erfrischt.
Denk' ihren Reiz, wenn nun der Trost gekränkter Tugend
Mit ihrer Schönheit sich vermengt,
Und kühn die Unschuld ihrer Jugend
Den ungerechten Schmerz verdrängt;
Wenn Ruhe sie beglückt — So lächelt
Die junge Ros' in schöner Mattigkeit,
Wenn in der schwülen Mittagszeit
Ein West erwacht, der sie umfächelt —
Und wenn sich nun in Dir ein edles Mitleid regt,
So unterdrück' es nicht, und bleibe gern bewegt,
Und gönne mir den Vorzug Dich zu rühren!
Bald fürchte Grandisons Geschick,
Durch einer Klementine Blick
Ein freies Herze zu verlieren,
Bald sprich zu Dir: Vielleicht, daß in dem Augenblick
Ein Hargraf Anstalt macht, mein mir bestimmtes Glück,

Mir meine Biron zu entführen,
Und laß Dich dann durch ihre Klagen rühren,
Und komm' zu ihrem Schutz zurück!
Ich seh im Geiste schon Dein Glück,
Wenn Dein gerührtes Herz mit freudigem Erschrecken
Aus seiner Einsamkeit erwacht,
Wenn Dir die Tugenden, mit Jauchzen, die entdecken,
Die Dir die Liebe zugedacht:
Wenn Dein Verstand den Beifall nicht versaget,
Um den Dein bittend Herz ihn fraget;
Wenn ihres Umgangs Reiz, wenn jeder Tag Dich lehrt,
Sie sey der Zärtlichkeit, die Du ihr schenktest, werth.
Wie selig wirst Du seyn, wenn durch beredte Zeichen
Ihr Herz verräth, wie zärtlich es Dich liebt!
Und, Freund, wer wird an Glück' Dir gleichen,
Wenn sie sich Deiner Brust ergiebt,
Und glücklich ist, weil sie Dich liebt?
Ich seh' noch mehr, o Freund, ich seh mit nassen Blicken,
Wie von stets wachsendem Entzücken
An Deiner Freundin Brust Dein Herze überfließt;
Wie Eure Sorge nur einander zu beglücken,
Und Euer Leben Segen ist;
Wie Du mit ihr vereint, durch eine lange Reihe
Beglückter stolzer Jahre gehst,
Durch immer gleiche Lieb' und Treue,

In kurze Stunden aufgelöst;
Und wie ein Alter voller Freude
Euch überrascht, wenn um Euch beide
Ein Heer zufriedner Kinder lacht;
Wie Eure Lust an ihren jungen Freuden,
Im Alter selbst es Euch unmöglich macht
Der Jugend Jahre zu beneiden,
Die Ihr so selig hingebracht;
Und wie Dein Blick auf die verfloßnen Stunden,
Die Du jetzt lebst, zurücke schaut,
Und dann das Glück, das Du anjetzt empfunden,
Der Tugend Glück, den Jüngling noch erbaut,
Den Gott als Sohn Dir anvertraut.
Weissagend theil' ich, Freund, in diese frohe Scenen
Die Folge Deines Lebens ein.
Oft will ich, wirst Du einst Dich der Erfüllung freun,
Der Ahndung meiner Brust erwähnen,
Und immerfort beglückt in Deiner Freundschaft seyn;
Und manches Dankgebet, vermischt mit Freudenthränen,
Für dies mein Glück dem Höchsten weihn.

An eine Dame

bei ihrem zwei und siebenzigsten Geburtstage.

Du, die im Alter ohne Klage
Auf Deine viel durchlebten Tage
Mit Heiterkeit zurücke blickst;
In keiner Assamblee verloren,
Als wärest Du mit uns geboren,
Dich gern in unsre Zeiten schickst;
Du, die auch in verschiednen Wettern,
Der Rose gleich, von hundert Blättern,
Nur Blatt vor Blatt, nicht auf einmal verblühst,
Und ohne Neid, den Liebesgöttern,
Manch hübsches Knöspchen erst erziehst,
Sey mir in Deinen grauen Haaren,
In Deinen zwei und siebzig Jahren,
Ehrwürdige! sey mir gegrüßt!

Wenn uns nebst allen seinen Leiden
Ein schweres Alter übereilt,
Uns niederwirft und unsre Freuden,

Von denen wir so ungern scheiden,
An die Meistbiethenden vertheilt;
Wenn wir nunmehr erfahren müssen,
Wie sich das Glück der Liebe dreht,
Und das verjährte Recht zu küssen
An jüng're Erben übergeht;
Wenn die Natur für andre Schönen
Das Roth von unsern Wangen nimmt,
Und niemand mehr zu unsern Tönen
Mit süßen Sympathien stimmt;
Wenn unsre Freunde selbst veralten,
Und nur der Arzt vertraulich mit uns spricht,
Und statt der lächelnden Gestalten
Der jungen Herrn, der Husten und die Gicht
Jetzt ihre Wachen bei uns halten:
Dann ist es Kunst die uns entflohne Zeit
Nicht einer Untreu anzuklagen,
Und noch, wie Du, ein Herz voll wahrer Munterkeit
Und voller Scherz herum zu tragen,
Und lachend bei dem Kuß der Jüngeren zu sagen:
Es ist doch alles Eitelkeit!

Wer weiß so gut, als Du, sein Alter zu vergessen?
Du setzest Dich noch gern, wo Du sonst gern gesessen,
Und hörest jetzt noch gern dem muntern Jüngling zu.

Ach! wer betrügt mich mehr um meine Zeit — als Du
Und Deine freundlichen Niessen!

O möchtest Du von unsern Tändelei'n
Noch lange eine Zeugin seyn!
O möchtest Du durch ein beglücktes Leben
Uns lange noch die Lehre geben:
Bis an das Grab uns zu erfreun!
Erlebe wenigstens das erste Jubeljahr
Der neu verbesserten Kalender *),
Dies wünschet Dir ein Freund, der niemals ein Verschwender
Von seinen guten Wünschen war.

*) Anno 1699, welches das Geburtsjahr dieser Dame war, wurde der verbesserte Kalender durch einen Reichsschluß eingeführt.

Im Namen Ihrer Kaiserl. Hoheit der Großfürstin Anna von Rußland,

da Sie auf einem Ball zum Geburtstag Ihrer Durchlauchtigsten Frau Mutter als Titania erschien.

Da heute die Natur um Deinen Ehrenbogen
Ein neuverlebtes Jahr gezogen,
Komm ich von weitem her mit kindlichem Vertraun,
Verehrteste der Mütter und der Frau'n,
Als gute Fee in Deinen Arm geflogen.
Du weih'test mich zur Elfenkönigin
Durch Edelmuth und heitern Sinn,
An Deinem Busen eingesogen;
Wohl mir, wenn ich es würdig bin.
Ein muntres Herz ist doch der klügste Tischgenosse
Des Lebens! — Lenket eine Posse,
Ein leichtes Gaukelspiel — ein Horn von Elfenbein
Nicht Herzen oft zum glücklichsten Verein?
Es töne heut' im väterlichen Schlosse
Nichts, als das Horn des guten Oberon.

Wer fühlt nicht seinen Einfluß schon?
Ich tanz' als Fee mit meinem Trosse
Voran nach seinem Zauberton.

Und alles tanze mit; der Kluge wie der Tolle
Freu' unsrer Fürstin sich und zolle
Aus seinem Potpourri mit freundschaftlicher Hand
Ein Körnchen Weihrauch unserm Opferbrand.
Sein eignes Herz belebe seine Rolle!
Der Blöde nur, dem jeder Lorberkranz
Das Blut vergällt, und Fürstenglanz
Nur eitle Schminke scheint — der trolle
Sich fort aus unserm Elfentanz.

In das Stammbuch der Madame Hendel

in Bezug auf ihre mimischen Vorstellungen
zu Gotha den 17. Januar 1810.

Welch Auge saugt nicht gern an Deinem Blick voll Seele,
Wenn Du von Deiner Höh' auf uns hernieder strahlst,
Und was die Dürer einst, und was die Raphaele
Erschufen, sinnlicher uns mahlst! —
Wer möchte nicht mit Dir ins Empyreum streben,
Nicht aus den Schlacken uns'rer Zeit
Ins Dunkel der Vergangenheit
Auf Deinem Lichtstrahl überschweben! —
Warum ließ die Natur, was Deiner Kunst gelingt,
Mir nie auf meiner Bahn das liebliche Erschrecken
Und jenes Schaamgefühl entdecken,
Das Deinen Busen hebt, der mit der Unschuld ringt,
Wenn Du der Bothschaft horchst, die Dir der Engel bringt. *)

*) Als Maria bei der Verkündigung.

Denn hätte solch ein Weib je meinem Blick gesessen
Auf einem Rasen oder Thron —
Ich fürchte, sträflich und vermessen
Hätt' ich dann selbst des Seraphs Mission
Und um ein menschliches erseufztes Bothenlohn
Des Himmels Glorie vergessen.

Bitte eines Liebhabers an seine junge Geliebte,

mit der er schon einige Zeit versprochen war.

Du übertreibst, o Freundin meiner Jugend,
Den Reiz der Schaam und Sittsamkeit,
Und in dem Fieber Deiner Tugend
Betrügst Du Dich um Glück und Zeit.
Wie lange willst Du noch, wie lange
Das treu'ste Band der Ehe fliehn,
Und mir zur Qual im kurzen Uebergange
Vom Fräulein bis zur Frau — verziehn? —
Du hörst mich nicht? Geliebteste! so höre
Doch Deiner ersten Mutter Rath,
Sie, die das Maas der jungfräulichen Ehe
Am richtigsten gemessen hat.
Als sie der Herr mit jedem Reiz umgeben,
Der Dich jetzt schmückt, ins Leben rief,
Bewahrte sie dies jungfräuliche Leben
So lange nur, als Adam — schlief.

An den
Besitzer eines schönen Landguttes,
bei Gelegenheit einer verunglückteen Beschreibung davon.

Mein Freund, wer Staxens Ode liest,
In der er jüngst Dein Tusculum geschildert,
Der denket Wunder, wie verwildert
Der Pindus und Dein Landgut ist.

Das gleiche Glück der Ehe.

Es theilten Matz und Adelheide
Stets unter sich Verdruß und Freude;
Jung lachte sie bei seinem Gram,
Er lachte, da ihr Alter kam.

So rechnet man in unserm Lande
Sehr oft das Glück im Ehestande.
Wenn sie verliert, gewinnt der Mann,
Der sonst verlor, wenn sie gewann.

An ein Fräulein,

bei Ueberschickung der ersten Ausgabe der Wilhelmine.

1764.

In einem Städtchen voller Zwang,
Dem Sitz verjährter Kleinigkeiten,
Wo Lust und Scherze zu verbreiten
Es keinem Dichter noch gelang,
Wagt' ichs aus Einsamkeit und sang.

Der Gott, der über alle Herzen
Mit unumschränkter Macht, früh oder spät, regiert,
Der, im Gefolg' von leichten Scherzen,
Bald Helden, bald Pedanten führt;
Der Gott der Jugend und der Liebe,
Und Herr der freudigsten Natur,
Den ich Dir gern, nach meinem Triebe,
So reizend, wie er ist, beschriebe,
Erlaubte mir Dein Mund es nur;
Der war es, der mir Lust und Feuer

Zu diesem Heldenlied verlieh.
Er zeigte mir ein Abentheuer,
Ich spielt' es kühn auf meiner Leyer,
Und ohne Kunst, und ohne Müh,
Zum Spotte der Pedanterie.

Doch hab' ich auch erhabn're Thoren,
Schön, reich, geputzt und hochgeboren,
Die Lieblinge der großen Welt,
Dem schwarzen Helden zugesellt,
Den ich zum Gegenstand erkohren.
Und so entstand dies lachende Gedicht;
Ich übergabs der Welt, und untersuchte nicht,
Ob ich auch Dank dafür verdiene.

Belohnest Du es nur mit einer frohen Miene,
Du, meine Freundin! die der jüngsten Muse gleicht,
So ist mein ganzer Wunsch erreicht.

An eine junge Prinzessin

bei Uebersendung

der fünften Ausgabe der Wilhelmine.

Dem Zirkel Deines Hofs, dem festlichen Turniere
Der um Dich Kämpfenden und ihren Schmeicheleyn
Gottlob! einmal entschlüpft zu seyn,
Wie fröhlich ladest Du am heimlichen Klaviere
Dein schönes Herz Dir zur Gesellschaft ein!
Du glaubst Dich unbehorcht — allein
Schon klopfet leis ein Finger an die Thüre.
„Ist's meine Schwester? nur herein!"
Doch da erscheint ein Weib im tiefsten Trauerputze
Von grauem Zeug, verbrämt mit schwarzem Flor.
Ihr unbekannt Gesicht blickt schüchtern, unterm Schmutze
Vergelbter Brüßler Kanten, vor.
Um Deiner Robe Saum zu küssen
Wirft sie sich schnell zu Deinen Füßen,
Will sprechen — aber inn're Schaam
Droht ihre Stimme zu ersticken,

Sie stottert — Du wirst roth und fragst mit sanften Blicken:
Was ist zu Ihrem Dienst, Madam?
Dein Wort ermuntert sie — Sie seufzt, ach ich verdiene
Kaum diesen holden Blick — denn, Gnädigste, ich bin
Die weltbekannte Wilhelmine.
Auch nannten mich — Gott weiß in welchem Sinn —
Die Pagen oft die kleine Marschallin.
„Ganz recht, Madam, man hat von Ihrem Leben
„Am Hof, ich war noch Kind, mir mancherlei erzählt,
„Was eben nicht — Sie werden mir vergeben,
„Ihr Lob enthielt“ — Ach Gott! gerade dieses eben
Ist das, was mich am meisten quält.
Der Jugend Leichtsinn, ich gestehe
Es schaamroth, hatte mich bis zu der Zeit bethört,
Da mich ein Mann, der Sie als seine Göttin ehrt,
Zum stillen Uebergang ins Heiligthum der Ehe —
Es geht ins zehnte Jahr — bekehrt.
Wie viel verdank' ich ihm! Er bracht' aus dem Getümmel
Des Hofes mich zurück aufs Land,
Und so ward ich, geführt von seiner Hand,
Des Pastors Hausfrau — Gott im Himmel
Vergelt' es ihm einmal in seinem Ehestand!
Dort lebt' ich nun in meinem frommen stillen
Beruf — zwar kinderlos — und dennoch gern dem Willen

Des besten Mannes unterthan;
Doch dieser liebe beste Mann
Starb, eh' ich mich's versah, vor etwa vierzehn Tagen,
Und hinterließ mir nichts in dieser Zeitlichkeit
Als Bücher, Predigten und Klagen.
„Madam, Ihr Schicksal thut mir leid,
„Dem Seligen ist wohl; entschlagen
„Sie ihn Sich aus dem Sinn — Ihr knappes Witt-
wenkleid
„Steht Ihnen gut und — mit Vernunft und Zeit
„Läßt solch ein Unglück sich ertragen —
„Allein, darf ich noch einmal fragen,
„Was suchen Sie bei mir — ein Zehrgeld — einen Mann?"
O nein, Durchlauchtigste, mir drückt ein schönrer Plan
Das Herz bald ab — „Nun gut; darf ich ihn wissen,
„So reden Sie doch nur" — Wohlan!
Um sittsam, fromm und froh mein Leben zu beschließen,
Wünscht' ich — gleich einer Heiligen zu Füßen,
Der himmlisch reitzendsten Prinzessin mich zu nah'n.
Vergessen Sie an Wilhelminen
Den schwachen Theil von ihrem Lebenslauf.
Ach nähm' in Ihnen mich die Tugend wieder auf,
Wie treu würd' ich der Tugend dienen.
Der junge Herr, dem ich zuerst die Wiederkehr
Zum Guten danke, ist auch der

Der mich zu Ihnen schickt; er gab mir im Vertrauen
Den Wink, es sey bei Ihren Kammerfrauen
Seit gestern eine Stelle leer.
Bewerbe, Minchen, Dich um diesen Platz, sprach er,
Denn unter Ihrem himmelblauen
Gewölbten Augenpaar zu leben — zu ergrauen,
Wo ist am ganzen Hof ein Ehrenplatz, der mehr
Belohnend, durch sich selber, wär'?
„Gut, Frau Magisterin — ich helfe gern — zur Probe
„Mag es denn seyn — ich hoff' Ihr ehrliches Gesicht
„Soll halten, was es mir verspricht."
Dank, edle Fürstin, Dank! „Schweig Sie von mei-
nem Lobe,
„Geh Sie in meine Garderobe
„Und störe Sie mich weiter nicht!"

Prolog
im Nahmen eines jungen Prinzen
bei der
Vorstellung eines deutschen Schauspiels
an dem
Geburtstage seiner Frau Schwester.

Der Freundschaft Band, geliebte Schwester,
Verbindet mich mit Dir noch fester
Als selbst die Bande der Natur!
Besäß Dein Herz nicht achtungswerthe Triebe,
So schenkt' ich Dir, als Bruder selbst, statt Liebe
Betrügerischen Wohlstand nur.
Allein welch großes Glück ward mir in Dir gegeben,
Als Du, der Unschuld gleich, an meine Seite kamst,
Und, unbekannt mit Dir, ein hoffnungsvolles Leben
Mit süßem Lächeln übernahmst.
Dem Tage folgte schnell die Menge froher Stunden,
Die mir so unbemerkt an Deiner Hand verschwunden,
Die Freuden Unsers Kinderspiels,

Die muntern freundlichen Geschenke
Der Jugend, die ich oft zur Ehre des Gefühls
Als gegenwärtig mir noch denke.
Und jetzt — da Dein gebildet Herz
Mir Deines Umgangs Reiz erweitert,
Dein richtiger Verstand mit fein durchwebtem Scherz
Auch trübe Stunden mir erheitert —
Jetzt seh' ich erst mein Glück in der Vollkommenheit
Und kann von meiner Zärtlichkeit
Mit brüderlichem Stolze sprechen.
Die Zeit hat sie genährt, und niemals soll die Zeit
Dies wohl genährte Feuer schwächen.
Es müsse nie dem Tag, der mit so vielem Werth
Für mein empfindend Herz, der heute wiederkehrt,
Ihm müsse keine Freude fehlen
Von so viel reitzenden, die uns die Unschuld läßt.
Wie gern möcht' ich, o Schwester für Dein Fest
Die reitzendste für Dich erwählen.
Mit Lächeln sah'st Du stets die Scenen unsrer Welt
Nach der Natur gemahlt, im kleinen vorgestellt;
Es ist die Neigung feiner Seelen.
Genung Beruf für mich! Allein wagt nicht vielleicht
Mein Eifer allzuviel — Ach eines Garricks Ehre,
Die Deiner Einsicht würdig wäre,
Und einer Cläron Ruhm, ist nicht so bald erreicht.

Wir rechnen sehr auf nachsichtsvolle Blicke;
Doch denk' ich — Ist das Herz nur erst zur Lust gestimmt,
So hebt es wohl ein Stück zu einem Meisterstücke,
Was oft ein Prinzipal von mäßigem Geschicke
Mit Marjonetten unternimmt.

Das Glück der Liebe.

Das Schicksal zeigte mir jüngst auf zween blumichten
Wegen
Der Lieb' und Weisheit mir winkendes Glück;
Wähl' Eines! sprach es. — Ich ging sogleich der
Weisheit entgegen,
Doch sah' ich immer nach Doris zurück.

Sie ging mir schüchtern vorbei, dem schlauesten
Amor zur Seiten;
Er aber, der meine Wünsche verstand,
Wie listig wußt' er sie nicht durch manchen Umgang zu
leiten,
Bis sie an meine Seite sich fand!

Jetzt wär' mein Schicksal getäuscht! Mit unaus-
sprechlichen Blicken
Dankt' ich's dem Amor, der mächtiger ist;
Dank sey's dem Amor! — Was gleicht der Liebe sanf-
tem Entzücken,
Das man im Wege der Weisheit genießt!

Der Zweifler.

Die beste Weisheit ist, nach der die Zweifler trachten:
Mir schenkt sie wenigstens den wichtigsten Gewinn.
Ich bin nicht mehr so stolz die Thoren zu verachten,
Seitdem ich zweifeln muß, ob ich ein Weiser bin.

Der Heldentod.

Kolumnus starb als Held, hört! was er überwand:
Durch Laster sein Gefühl, durch Bosheit den Verstand.

An eine deutsche Dichterin.

Ein goldnes Saitenspiel entfiel Apollens Hand,
Es tönte durch die Luft noch drei Mal, und verschwand.
Von dem Olymp beklagt, sieht Amor es verschwinden,
Fliegt nach, durchsucht die Welt, und weint, und kann's nicht finden.
Der himmlische Verlust lag in bemoosten Gründen,
Wo Phyllis weidete, die ungesucht es fand.

Der Besuch.

Batill besuchte mich; zu Ehren
Des gütigen Besuchs gab mir mein Dämon ein,
Mit ihm ein Glas Burgunderwein
Auf gute Freundschaft auszuleeren.
Jetzt ist er nun mein Freund — allein
Wie dauert mich mein Wein — mein Wein!

An einen Rekruten zur Reichsarmee.

Hier liegt Johann, der als Rekrute starb.
Wär' nicht der Narr aus Furcht vor seinem Tod
gestorben,
Er hätte sich gewiß so vielen Ruhm erworben,
Als sein Herr Oberster erwarb.

An des Herrn Erbprinzen von Meklenburg-Strelitz Durchlaucht.

1805.

Indeß Dich, junger Fürst, die milde
Poetische Natur umfloß,
In deren lachendstem Gefilde
Virgils Idyllen-Hain entsproß,

Warf ich, erwärmt kaum von der Sonne
Des rauhen Nordens, manchen Blick
Nach jener mir an der Garonne
Verstrichnen Jugendzeit zurück.

Ich träumte von den Feiertagen,
Wo gründlicher, als selbst Ovid,
Mir Sanchez die Gewissensfragen
Der Liebe vortrug und entschied.

Ich träumte mich zu Dir hinüber
Und glaubt' in Dir bald den Mäcen,
Bald mit den Grazien der Tiber
Den scherzenden Horaz zu sehn.

Mit Dir sah ich aus Roma's Trümmern
Die Glorie der alten Zeit
Die Hochaltäre überschimmern,
Die Borgia's Geschlecht entweiht.

Erzürnten Dich nicht die Verächter
Der Lebensweisheit, und vergabst
Du mir nicht gern mein Hohngelächter
Auf den unfehlbar weisen Pabst?

Der blind jedoch für tollen Glauben
Die erste Fürstenpflicht verkennt,
Wenn er die Tauber von den Tauben,
Die Mönche von den Nonnen trennt;

Der betend um des Land's Gedeihen
Den Fortgang des Gedeihens hemmt,
Wenn seine Fluth von Litaneyen
Die Gärten Latiums verschwemmt.

Preiß sey den Herrschern nur, die neben
Dem Thron der Armuth Hütten baun,
Nicht ihr dem Staat geweih'tes Leben
Kalender-Heiligen vertraun!

Die statt ihr Land in Klosterketten
Zu schlagen, es zum Auferblühn
Mit Bürgerschulen, Ehebetten
Und Waizensaaten überziehn.

Der Fleißige, der den Befehlen
Der Frömmler horcht, dient nur der Schmach,
Bestellt sein Feld nur Cardinälen
Und seinen Kindern liegt es brach.

Verehrter, gleichgestimmter Bruder
Von dreien Huldinnen! warum
Gab Dir nicht Gott das Steuerruder
Von Petri Patrimonium?

An Ihro Königl. Hoheit,

die Churprinzessin von Hessen,

die den Autor, als er eben in Berlin war, zu seinem Geburtstage, im Mai 1807, mit einem Rosenstocke beschenkte.

Der Rosen reizendste im heimischen Gefilde
Bog heut' ihr blühend Haupt, mit Königlicher Milde
Auf einen Dornenstrauch entfernter Flur herab. —
Dieß, Fürstin! ist Dein Bild, das meinem Schattenbilde
Den längst verschwundnen Glanz der Jugend wiedergab!
O möchten sie, die jetzt Dein abgezognes Leben,
Als Knospen Deines Stamms mit Lieb und Trost umgeben,
Zu einem Siegeskranz der überwundnen Zeit
Aufs herrlichste einander angereiht,
Einst Deinem grauen Haar die Rosen wiedergeben,
Die Du so huldvoll einem Greis geweiht.
Durch seinen Nebel sieht er ihre Strahlen beben;

So wie das Abendroth dem Pilger Kraft verleiht
Zu dem, der ihn gelabt, den Blick noch zu erheben,
Und nun mit Dankgefühl und süßer Trunkenheit
Fort über Berg und Thal zu schweben
Zum Ruhpunkt aller Müdigkeit.

Der Vogelsteller.

Die Liebe und der Vogelsang
Sind ziemlich einerlei,
Es lockt der männliche Gesang,
Er lockt — er lockt
Vögel und Mädchen herbei.

Sie achten ihrer Schwäche nicht,
Denn ihre Herzen sind
In jugendlicher Zuversicht
Betäubt — betäubt
Liebevoll, fröhlich und blind.

Zwar bei dem ersten Ausflug ist
Das Vögelchen verzagt,
Hält jeden Laut für Hinterlist
Wohin, wohin
Es seine Flügelchen wagt.

Doch hüpft es bei dem zweiten Flug
Mit jubelndem Geschwätz
Von Baum zu Baum und dünkt sich klug,
Und hüpft, und hüpft
Dem Vogelsteller ins Netz.

Des Jägers Abendlied.

Was such ich in den Wäldern auf?
Ist es das scheue Wild?
Es ruhe! denn in meinem Lauf
Umschwebt mich nur Dein Bild.

O wenn in gleichem milden Licht
Das meine Dir erschien,
Du wurdest — ach! Du würdest nicht
Des Jägers Anblick fliehn.

Der von der Sehnsucht Bangigkeit
Ergriffen, und gedrückt
Von Ahndungen, durch Raum und Zeit
Dir nach, zum Himmel blickt.

Er spendet Frieden aus. Warum
Ward nicht auch mir ein Theil?
Ist die Natur für mich nur stumm,
Ihr Gipfel mir zu steil? —

Ob schon der Mond die Wolken theilt,
Zertheilt er doch deu Schmerz
In meinem Herzen nicht; es heilt
Das Grab nur solch ein Herz;

Das, als es brach, ins Thal der Ruh
Dein Bild hinüber trug —
Und dieses Herz verschmähtest Du,
Als es für Dich noch schlug!

Romanze

im Namen und zum Vortheil eines reisenden Jägers, der auf einem Jahrmarkt ein ungewöhnlich großes Hirschgeweihe für Geld sehen ließ.

Hier prunkt, ihr Weiber kommt herbei,
Mit euren Bettgenossen,
Ein ungeheures Hirschgeweih
Von zwei und siebzig Sprossen.

Nie hat es einen Hirsch geschmückt,
Es ward mit allen Enden
Auf eines Jünglings Kopf gedrückt
Von zauberischen Händen.

Es ging so zu — Ein Edelmann
Voll Liebesglut, mit Namen
Acteon, war hold zugethan
Dem Muster keuscher Damen.

Als sie als Reisende erschien,
Fragt' er in allen Thoren,
Wo kommt sie her, wo will sie hin,
Was hat sie hier verloren?

Das Wort fiel ihm kaum in's Gehör,
Sie werde hier verweilen,
So schwur er, lüstern, etwas mehr
Als Lust, mit ihr zu theilen.

Ihr Anblick war ihm nicht genung,
Er brannte für Verlangen,
Dies fremde Wild, so schön, so jung
In seinem Garn zu fangen.

Doch nie konnt' er auch nur die Spur
Von ihrem Gang ertappen,
Sie ging, vorsichtiger Natur,
Ihm immer durch die Lappen.

Er mahlte sich die Finger lahm
An Bildern seiner Schmerzen,
Allein, ich weiß nicht wie es kam,
Es ging ihr kein's zu Herzen.

Nun aber, horcht auf! was geschah,
Und wie, eh' er's gedachte,
Ein Zufall ihn nur allzunah
In ihren Zauber brachte.

An einem Hundstag sehnte sich
Das schöne Kind ins Frische,
Warf einen Shawl nur um, und schlich
In abgelegne Büsche.

Dies hielt der junge Kavalier
Für ein gesundnes Zeichen,
Mit aller Hitze der Begier
Der Fremden nachzuschleichen.

Bald sah er — und der Anblick drang
Ihm bis ins Mark der Hüften —
Die kleine Schöne ohne Zwang
Ihr enges Mieder lüften.

Sie trippelte zum nächsten Bach
Ins Bad so bald die letzte
Umhüllung fiel, die tausendfach
Des Himmels Strahl ersetzte.

Kein Mädchen mehr, als Cynthia
Blinkt sie nun auf dem Sande
Des Bachs — Doch eh' sie sich's versah,
Stand ihr Amant am Rande.

Unmöglich war ihr auf einmal
So vielerlei zu decken;
Denn fern vom Ufer lag ihr Shawl
Bei ihren Unterröcken.

Doch bald griff sie im höchsten Grimm
Zu ihren Himmelswaffen,
Stand glänzend still und ließ von ihm
Sich, wie sie war, begaffen;

Und er, der wie versteinert stand,
Sah' nicht, als sie zum Bache
Sich bog, sah' nicht die hohle Hand,
Gefüllt mit Weiberrache;

Bis sie ihn tauft' und rief: „nun lern'
Fortan bescheidner handeln;
Es ist ein Spaß, Euch junge Herrn
In Thiere zu verwandeln.

„Gleich einem Hirsch, trag sein Geweih
Auf Deinem Scheitel prächtig,
Und jedes Weib in Zukunft sey
Desselben Zaubers mächtig!“

Kaum fühlt' er seinen Schmuck, so fühlt'
Er auch davon das Gute;
Denn Hirschhorn ganz vortrefflich kühlt
Die Wallungen im Blute.

Nun hatt' er weiter keine Lust
Am Bache zu verweilen;
Er lief und fing aus hohler Brust
Erbärmlich an zu heulen.

Halb Mensch, halb Hirsch, fühlt überall
Der Arme sich verlassen —
Wie will auf einem Carnavall
Ein Domino ihm passen?

Könnt' er der menschlichen Vernunft,
Die ihm noch blieb, entsagen,
Vielleicht wär' er zur Zeit der Brunst
So sehr nicht zu beklagen.

So aber ging's ihm gar zu schlimm
Bei Schmäusen und Visiten,
Wohin er kam, da ließ man ihm
Hof, Stadt und Land verbieten.

Kein seidner Strumpf, kein Gallakleid,
Kein Orden stand ihm ferner; —
Jetzt macht das wenig Unterscheid,
Mit — oder ohne Hörner.

Für Gram starb drauf das edle Thier
Bei seinen Anverwandten;
Aus seinem Nachlaß haben wir
Sein Hirschgeweih erstanden.

Pygmalion
an eine
junge liebenswürdige Wittwe.
1807.

Gelockt von Künstler-Ehre
Zu süßerm Lohn,
Träumt' es mir jüngst, ich wäre
Pygmalion.

Kein Träumer ist verlegen
Um sein Modell,
Auf Morpheus sanften Wegen
Kommt es ihm schnell.

Auch rief ich kaum: Erscheine
Cecilia!
So stand auch schon das meine
Im Fluge da.

Längst war sie meinen Sinnen,
Im Schlaf zumal,
Von ächten Huldgöttinnen
Das Ideal.

Mit ihr darf auch nicht bange
Dem Bildner seyn,
Denn sie ist ja schon lange
Nicht mehr von Stein.

Um ihren Körper schwebet
Kein Reiz, der nicht
Von Amors Hauch belebet
Zur Seele spricht.

Das Herz hoch zu begeistern,
Das für sie schlägt,
War ihr von größern Meistern
Längst eingeprägt.

Wie meißelten, wie feilten
Sie die Natur,
Bis sie ihr Grund ertheilten
Zur Politur.

Sie freuten sich der Flimmer,
Die sie verlor;
Doch brach der holde Schimmer
Der Brust kaum vor,

Als durch Gefühl belehret
Wie schwer sie wog,
Sie zur Natur gekehret
Der Kunst entflog.

Wie glich sie da der Rose,
Die eingezwängt
Als Knöspchen, ihre lose
Umwebung sprengt,

Und sich am Abend wundert,
Wie Blatt an Blatt
Dies Knöspchen an die Hundert
Entfaltet hat.

Voll gleicher Jugendfülle
Erträumt ich Sie
Im Mondschein, den zur Hülle
Die Nacht ihr lieh.

Und auf der Stufenleiter
Der Schönheit stieg
Mein Blick, bis sie ihm weiter
Nichts mehr verschwieg.

Bis, wie im Morgenglanze
Ein Frühlingstag —
Zuletzt vor mir die ganze
Vollendung lag.

Für meine Künstler=Augen
O welch ein Reich
Um Nahrung einzusaugen
Den Bienen gleich!

Ach als in diesem warmen
Verlobungsstaat
Sie, fertig zum Umarmen,
Mir näher trat;

Auch ich aus dem Gedränge
Der Freuden mich
Durch ihre Blumengänge
Wie weit verschlich;

Und ich dem Götterweibe
Am Busen fiel,
Da, da, — doch ich beschreibe
Vielleicht zu viel.

Denn Ihr ward nichts verschoben
In meinem Traum;
So fest schien sie gewoben
Aus Luft und Schaum,

Als ob sie jüngst dem Meere
Durch Zauberei
Der Liebe, wie Cythere,
Entstiegen sey.

Doch bald sah ich mit Staunen
Was ich gesehn
Bis an die Augenbraunen
In Nebel stehn;

Der, als er immer dichter
Mein Aug' umzog,
Es um die schönsten Lichter
Der Kunst betrog.

Ein hoher Seelen=Adel
Verbarg als Schild
Ihr über allen Tadel
Erhabnes Bild.

Im heiligsten Erbeben
Bat ich um Kraft,
Mich aus dem Staub zu heben
Der Leidenschaft.

Ich ward erhört; mein Fieber
Ging allgemach
In stille Ehrfurcht über,
Indem sie sprach:

„Freund! hast Du zum Beschauen
Mich her citirt,
Sag' ich Dir im Vertrauen
Ins Ohr: mich friert.

„Selbst Venus=Priester werfen,
Ob's ihnen fremd
Gleich dünkt, doch um Minerven
Ein Panzerhemd.

„Wenn ich, Ihr gleich an Größe,
Hier vor Dir steh',
Denkst Du noch an die Blöße
Der Galatee?

„Willst Du mich zum Modelle
Der Freundschaft — Nun
Komm mit, an ihrer Quelle
Wünsch' ich zu ruhn.

„Dort kannst Du Blumen pflücken
So viel Du willst,
Bis Du auf Deinem Rücken
Mein Körbchen füllst."

Sie sprachs, und weggeräumet
War Amors Tand,
Mein Traum war ausgeträumet
Und sie verschwand.

Und ich erwachte schneller
Als lieb mir war,
Sah' immer, immer heller
Und endlich klar.

Warf zu des Urbilds Füßen
Mich ungesäumt,
Den Frevel zu verbüßen,
Den ich geträumt.

Seitdem bei edlen Scherzen
Ihr Bundsgenoß,
Nehm' ich das Wort zu Herzen,
Das ihr entfloß.

Und sing vor ihrer Büste
(Wie einst Ovid
An Pontus schwarzer Küste)
Mein Fastenlied.

Doch oft, wenn unserm Bunde
Der Tag entweicht,
Mich manche Schäferstunde
Umsonst beschleicht;

Von ihrem Trauerschalle
Das Ohr mir gellt
Und mir es deucht, ich walle
Zur Unterwelt;

Säh' schon vom Sturm ergriffen
Auf Lethens Fluß
Mich Armen überschiffen
Zum Tartarus;

Wo von dem Licht geschieden
Man die sogar
Vergißt, die ach! hienieden
Uns alles war;

Dann leitet sie den Kranken,
Der Rettung fleht,
Zum Luftsalz der Gedanken
Und zur Diät;

Stärkt ihn mit Trostgefühlen
Aus der Natur
Und freuet sich der kühlen
Gelungnen Kur.

Ein Kuß auf ihre Wange
In Plato's Sinn,
Ist, wenn ich ihn erlange,
Dann mein Gewinn.

So philosophisch labend
Sieht sich mein Geist
Sogar am längsten Abend
Rein abgespeißt.

Zwar zög' ich, dürft' ich wählen,
Der Liebe Rausch
Beim Austausch unsrer Seelen
Gern mit zum Tausch,

Und löscht' in Amors Becher
Der Sinne Brand,
Schlüg' Sie ihn nicht dem Zecher
Schnell aus der Hand.

Doch käm' Sie meinen Blicken
Einst nur so nah,
Als ich sie voll Entzücken
Im Traume sah.

Ich tränk' ihn zum Willkommen
Der Freundin leer,
Wenn ich nicht zu beklommen
Vor Andacht wär'.

Das entflogene Haar.

An ebendieselbe.

Dank sey dem Schutzgeist meines Lebens,
Der mir ein Heer von Fantasie'n
Und leichtes Blut, nicht ganz vergebens
Zu meines Alters Trost verlieh'n.

Wie schlau versteckt er nicht am Stege
Zum Grabe mir den Uebergang
Durch treue Blumen seiner Pflege,
Durch Liebe, Freundschaft und Gesang!

Es segnete mit edlem Muthe
Mich die Natur. Aus Muttersinn
Warf sie jedoch dem höhern Gute
Noch eine Kinderklapper hin.

„Nimm diesen Talisman zur Reise
„Des Lebens mit, und fühlst Du Dich,“
Sprach sie „zu traurig und zu weise,
„So wend' ihn an und denk an mich.“

Wie lieb und durch Versuch bewähret
Mir dies Geschenk geworden sey,
Geliebte Freundin, das erkläret
Dir schon mein Hang zur Tändelei.

Drum lass' ich die Gedankenfeste
Gern dem, der sie verdauen mag,
Ess' meinen Kohl, und spar die Reste,
Wenn er mir schmeckt, zum andern Tag.

Drum werf' ich nur den kleinen Engeln
Der Freude meine Küsse zu,
Und laß die Welt mit ihren Mängeln
Und ihrer Prahlerei in Ruh.

Drum wünscht' ich nie ein Ordenszeichen
Als eins von Dir: Glück über Glück,
Ein Zephir im Vorüberstreichen
Ließ es auf meiner Brust zurück.

Ein einzeln Haar der vollen Kette,
Das leis, als sie Dein Busen wog,
Auf Amors Hauch, gleich einer Klette
Zu meinem Lorber überflog.

Laß es der Stunde mich verweben,
Wo ich dem Krater allzunah,
Vor Glut im Auge, das Entschweben
Des dunkeln Fünkchen übersah.

Kein Stäubchen, das im Tanz der Horen
Sich hebt und durch die Lüfte streift,
Kein Haar ist, das nicht unverloren,
In's große Rad des Schicksals greift.

Ein Apfel trieb aus Edens Schranken
Das Glück der Welt. Ein klügrer fiel
Vor Neutons Fuß und trieb Gedanken
Des größten Sehers an sein Ziel.

Er ließ ihm das Gesetz erklären,
Das in dem Liebesraum der Welt
Die größern und die kleinern Sphären
Durch Druck und Gegendruck erhält.

So ward er ihm zur Himmelsleiter;
O würde Dein entfallnes Haar
Jetzt mir, was jenem Sternendeuter
Ein abgefallner Apfel war!

Dann zög' ich es den Kostbarkeiten
Der Kirche vor, die Josephs Bart
Als Spielwerk der Gebenedeiten
Zu Saint Denis in Glas verwahrt.

In das Stammbuch der Fräulein Hofdame von L..

während ihres Aufenthalts zu Erfurt in der merkwürdigen Zeit der Zusammenkunft mehrerer gekrönter Häupter daselbst im October 1808.

Vom Gaukelspiel der großen Welt ermüdet,
Lag ich im Arm des Schlafs; doch dießmal schien es kaum
Der Rede werth, durch welchen Traum
Er mir des Tages Last vergütet.
Denn was er mühsam ausgebrütet,
Genau betrachtet, war nur Schaum.
Ich sah, Gott weiß, auf welchen Thron erhoben,
Gefällig auf mein Volk herab
Und führte, ohne mich zu loben,
Vortrefflich den Kommandostab.
Kein Mädchen funkelte in Mieder und in Roben,
Das nicht zu allen Liebesproben
Sich willig meinem Wink ergab.
Mit einer Schaar von Rittern stolz umgeben,

Den Mücken gleich, die sich durch einen günst'gen Wind
Zum nächsten Sonnenstrahl erheben,
Und unbesorgt, warum sie leben,
Den Menschen nur beschwerlich sind,
Bläht' ich mich, im Genuß, den großen Herrn zu machen,
In höchster Selbstzufriedenheit;
Doch bald nachher, auch war es hohe Zeit,
Hieß mich mein guter Geist erwachen,
Und das Fantom von meiner Herrlichkeit
Verflog mir unter lauter Lachen.
Der wackre Genius, der längst schon an dem Tand
Des Hofs sich satt gesehn, ergriff nun meine Hand
Mit brüderlicher Treu, und führte
Mich einer Huldin zu, bei der ich bald empfand
Daß ich nicht träumte noch regierte,
Die durch ihr Mitgefühl im zartesten Verband,
Mit Anmuth, Frohsinn und Verstand
Mein wach gewordnes Herz berührte,
Die aber mir, ach nur zu bald! verschwand.
Doch um den Abstand zu entscheiden
Vom wirklichen und vom erträumten Glück,
Ließ doch mein Genius von beiden
Mir die Erinnerung zurück.

Gespräch.

A. Das deutsche Ordenskreuz? wenn Du's erlangen kannst,
Wär' freilich gut für Dich und Deinen faulen Wanst,
Um ohn' ein lästig Weib und eheliche Erben
Des Todes sanftesten zu sterben.
Doch, unter uns, zählt dein Geschlecht
Auch so viel Ahnen, als der Orden
Verlangt —
B. Wie? zweifelst Du? ist ein's wohl noch so ächt
Im ganzen deutschen Reich? so alt, so stiftsgerecht?
Schon vor fünfhundert Jahr'n ist es beschworen worden,
Daß einer, der mein Schild und meinen Namen trug,
Zu Kaiser Albrechts Zeit sich zu der Rotte schlug,
Der es gelang, ihn zu ermorden;
Das, dächt' ich, wär' Beweis genug.

Der Leser des Horaz.

Marull greift zum Horaz im Drang der Langenweile,
Er schlägt ihn gähnend auf und liest
Empfindungsvoll die goldne Zeile:
Wohl dem, der fern von den Geschäften ist. *)

*) Beatus ille qui procul negotiis.

Hor.

Gespräch.

A.

Warum so traurig, Freund! darf ich die Ursach wissen?

B.

Mein toll gewordner Hund hat meine Frau gebissen.

A.

Gott! und sie starb?

B.

Pah, Pah, sie ist nur zu gesund.
Wer an dem Biß starb, war der Hund.

An
einen Arzt in sein Stammbuch.

Wär' nicht Apoll mein Schutzgott, o wie würden
Nicht meine Tage freudenleer entfliehn!
Als Seelenarzt stärkt er durch süße Harmonien
Den Geist — und, wenn ihn körperliche Bürden
Verstimmen, hat er stets als Gott der Medicin
Aus seiner Dienerschaft den treusten mir geliehn.
Trifft es so glücklich mir, wie es bis jetzt getroffen,
So fürcht' ich keinen Aschenkrug;
Ich darf Unsterblichkeit mehr als kein Dichter hoffen
Und ohne optischen Betrug.

In das
Stammbuch einer jungen Fräulein
aus einem aufgehebnen Kloster.

Dich zog der freche Krieg aus einer Klostermauer
In die belebt're froh're Welt,
Gleich einer Nachtigall, die aus dem finstern Bauer
Ein Sturmwind in das Freie schnellt.
Das Vöglein fühlt sein Glück, wie unter Siegespalmen
Fliegt es von Baum zu Baum gesangreich durch die Flur.
Ahm' seinen Frohsinn nach, und singst Du ja noch
Psalmen,
So sey's im Tempel der Natur —
Mit diesem frommen Wunsch giebt Dir beim Uebergange
Des lauten Carnavals zur stillen Einsamkeit
Ein Feind von allem Klosterzwange
Im Namen Gottes sein Geleit.

In das Stammbuch eines reisenden Russen.

Der Mensch ist überall der Leidenschaften Spiel;
Du sah'st auch hier so manchen Zeitverschwender,
Der Klugen wenige, die Thörichten so viel,
Weil der verbesserte Kaender
Nicht klüger macht, als der nach altem Styl.

Aufschrift auf das Grabmal des Ministers von Rothkirch zu Röbdenitz im Altenburgischen.

Das Saamenkorn, das er als Vater, Freund und Gatte,
Als Staatsmann und als Christ auf seine Bahn gestreut,
Gedeih dem Redlichen zu Erndten, und beschatte
Den Weg ihm zur Unsterblichkeit.

Auf dessen Frau Gemahlin.

Sanft war der Uebergang, der ihre Lebensreise
Nach treu erfüllter Pflicht, der Ewigkeit verband;
Umstrahlt von Tugenden, entwich sie unserm Kreise,
Der Abglanz blieb, nur die Gestalt verschwand.

In das Stammbuch von Dorchen Weisse. *)

Sonneborn **) im Mai 1795.

Du, die sonst nur
Dem Mäuschen glich'st! —
Die Mutter-Flur
Nie überschlich'st! —

Wagst, trotz dem Wink'
Der Häuslichkeit,
Dich jetzt so flink,
Wer weiß, wie weit.

Vom Gott des Lichts
Verführt, eilst Du
Dem schönen Nichts
Der Dichtkunst zu.

*) Dieses liebenswürdige Mädchen starb in der Blüthe ihrer Jahre, bald nach dem Ableben ihres würdigen und berühmten Vaters.

**) Landgut des Verfassers.

Dein Album in
Der kleinen Hand,
Wirbst Du Gewinn
Für den Verstand;

Störst überall
Im raschen Lauf
Lied, Madrigal
Und Oden auf,

Und legst mit Wahl
Und feinem Plan
Ein Kapital
Von Reimen an.

Ach ihnen zog
Dein jüngres Ohr
Den Dialog
Der Schwalben vor.

Zu früh, wenn sich
Dein Halstuch hob,
Erschreckte Dich
Des Guckgucks Lob.

Du hörtest gern
Zur Mittagsruh,
Den Leierern
Der Sümpfe zu.

Kein Nötchen war,
Das Dir entging,
Vom Kautz und Staar
Und Aemmerling;

Bis, wenn die Uhr
Der Wachtel schlug,
Dich die Natur
Zu Bette trug.

Doch seit Dein Wahn
Frisch weg entschied,
Dein Kikelhahn
Sey kein Ovid,

Stürmst Du den Berg
Des Helikon,
Nach jedem Zwerg
Von Musensohn,

Und fängst jetzt gar
    Im Dichterhain,
Aus ihrer Schaar
    Den Schlausten ein,

Den keine Fee,
    Dir ähnlich, schreckt,
Den keine je
    Umsonst geneckt.

Kind, Du verkennst,
    Was bei der Jagd
Auf dies Gespenst
    Ein Mädchen wagt!

Paßt Dein Gehör
    Wohl an das Horn
Des Dorf-Homer
    Von Sonneborn?

Den Kindern hold,
    Die jung und schön
Noch nicht im Sold
    Der Liebe stehn,

Verlockt er sie
Von Sinn zu Sinn,
Man weiß nicht, wie?
Weiß nicht, wohin?

Sieh nur! Beschlich
Sein Lied Dein Herz,
Verstrickte Dich
In Witz und Scherz;

Zög' Phantasie
Und blauen Dunst
Der Harmonie
In seine Kunst;

Zög' auf der Spur
Wo Psyche fiel,
Zög' die Natur
Mit in sein Spiel;

Prägt' alles Gift
Der Schmeichelei'n
Mit Flammenschrift
Dem Herzen ein;

Und seine Hand
Gäb' Dir Geleit
In's Feenland
Der Sinnlichkeit,

Aus dessen Bucht
Kein Talisman,
Nichts als die Flucht
Erretten kann,

Wo manche hier
Empfindungskrank
Als Opferthier
Der Dichtkunst sank:

Wie würdest Du,
Die immer klug
Ein Herz voll Ruh
Im Busen trug,

Das keinen Schlag,
Seit es sich regt,
Als im Vertrag
Der Unschuld schlägt.

Wie würde jetzt
Das arme Herz,
Zurückgehetzt
Von Dichter-Scherz,

Sich athemlos
Der Jagd entziehn,
Und in den Schooß
Der Mutter fliehn!

Wie würd' ihr Mund
Dir mit dem Hohn
Des Vaters und
Des Bruders drohn!

Ihr Mund verklagt
Dich wohl schon itzt,
Da Dich die Jagd
Umsonst erhitzt.

„Sag' an geschwind,"
Ruft sie — „Erklär'
„Von wannen Kind
„Spazierst Du her?

„Sieh wie Dein Hut
„Verschoben ist,
„Das, weiß ich, thut
„Kein Prosaist.“

Umsonst daß Du
Dein Köpfchen drehst,
Sie winkt Dir zu
Und Du gestehst,

Gestehst, es sey
Dein Morgensang
Nur Dudelei
Und Ohrenzwang;

Mein Lied, ein Span
Gut für den Herd,
Sey ohne Plan
Und ohne Werth,

Und schwörst, für ihn
Werd' ewig Dein
Sing=Magazin
Verschlossen seyn.

Die Mutter nimmt
　　Das Wort: „Ist schon
„Das Lied verstimmt,
　　„So hat's doch Ton,

„Sey froh, daß es
　　„Die Wendung nahm,
„Nichts Schlimmeres
　　„So nah Dir kam;

„Denn Männerhirn
　　„Und Dichterwuth,
„Steht nie der Stirn
　　„Der Mädchen gut.

„Und hast Du nicht
　　„Schon oft gehört,
„Was das Gedicht
　　„Von Daphne lehrt?

„Apollo bat,
　　„Die Schöne floh;
„Nach meinem Rath
　　„Mach's jede so.

„Der Musengott
„War hitzig — Doch
„Ihr leichter Trott
„Entschlüpft ihm noch.

„Doch hat sie ihn
„Vor ihrer Flucht,
„Um zu entfliehn
„Nicht erst gesucht.

„Was Du nun bist
„Beweiset klar,
„Wenn man ermißt
„Was Daphne war."

Dank sey der Frau,
Die Dich erzog,
Sie wägt genau
Was ich erwog.

Lohnt meinen Sang
Und hebt sein Nichts
Bis zu dem Rang
Des Lehrgedichts.

Gebet eines redlichen Vaters
am Vermählungstage
seiner geliebten Tochter. *)

Im December 1801.

Dir, der in ewiger Ferne
Nie seiner Schöpfung entschwand,
Und mit dem Flimmer der Sterne
Das Herz des Menschen verband;
Du, der den Kreislauf der Triebe
In festem Fortgang erhält,
Und sich in Seelen voll Liebe
Als seinem Spiegel gefällt;

Der, auch im Jubel der Chöre,
Des Sängers Lied nicht verschmäht,
Das Liebe hauchet — erhöre
Jetzt eines Vaters Gebet.

*) Natalie von Thümmel mit dem Freiherrn Karl von Thüngen auf Thüngen.

Du, der, damit es verglimme,
Kein Herz zum Daseyn erschuf,
Gieb Deine segnende Stimme
Zu meinem menschlichen Ruf!

Denn sieh', jetzt führen die Horen
Der Ahnherrn Leiter herab,
Ein Paar, dem Endzweck erkoren,
Der es dem Weltraume gab;
Es horcht dem Weihungsgesange
Der Aeltern, staunend wie sich
Sein Herz, in ähnlichem Drange,
Leis in ein andres verschlich.

Triumph! Jetzt nehmen die Stunden
Einsamen Lauschens die Flucht,
Sie haben sich freundlich gefunden,
Sie, die einander gesucht,
Ein Erbe männlicher Güte,
Mit Kraft zur Tugend erfüllt,
Und eine Jungfrau — in Blüte
Der Nachtviolen gehüllt.

Wohl dann, Ihr Suchenden, rettet
Euch aus dem Pfad ohne Spur

In euern Lustkreis — verkettet
Euch fest dem Ring der Natur;
Daß, wenn ja Stürme des Lebens
In Euerm Staubgang entstehn,
Sie nie des erstern Ergebens
Geheimes Flüstern verwehn.

Daß Eurer blühenden Ehe,
Von keinem Nachtfrost verletzt,
Mehr als ein Sprößling erstehe
Der, am Gefühl, Euch ersetzt,
Der als ein Fruchtbaum sich hebe,
Und, in des Lebens Gebiet,
Sich einer Nachwelt verwebe,
Die seine Senker erzieht.

Mögt Ihr, in Einklang, den Reigen,
Der Gottes Veste durchwallt,
In Symphonien ersteigen,
Wenn dieses Leben verhallt;
Zu Euern Enkeln noch rufen:
„Ihr, Uns Umringenden, ach!
„Lebt, liebt und folgt auf den Stufen
„Genützter Menschheit Uns nach!"

Der Schulze und die Gemeine zu Ketschendorf an dem Geburtstage der regierenden Frau Herzogin von Sachsen-Coburg und Saalfeld.

Den 19. Jenner 1801.

Des Fürsten Hoheit, der sich größer
Als seine Nebenmenschen fühlt,
Wird in den Mauern seiner Schlösser
Durch manchen Wind bald abgekühlt,
Und sucht dann ländliches Gedeihen
In Hütten auf, und hört, wie wir,
Den Guckguck zehnmal lieber schreien,
Als zweimal seinen Hoffourier.

So lehrte die Natur, Auguste!
Auch Dich die Wissenschaft verstehn,
Dem unbelohnten Zeitverluste
Der Etiquette zu entgehn;
Wie gern folgst Du aus dem Gewühle
Des stolzen Audienzgemachs
Der Lockung froherer Gefühle
Zum Schatten eines Leimendachs.

Hier, wo aus ihrem stillen Bette
Die Itz befruchtend sich ergießt,
Und mit der schönsten Blumenkette
Dein kleines Ketschendorf umschließt,
Hier steigt oft aus dem niedern Grase
Dein Herz zu geistigem Genuß,
Wie Herschel hinter seinem Glase
In das Gebiet des Uranus.

Hier eilen Deine Seherblicke
Der Hoffnung Deiner Kinder nach;
Du siehst in mütterlichem Glücke,
Daß jedes hält, was es versprach;
Hier sehnt Dein Auge sich nach Annen, *)
Sieht Sie im Geiste, wie Sie noch

*) Die an den Großfürsten Constantin vermählte Prinzessin von Coburg.

Als Kind — als Julchen — unsre Tannen
Nach einem Schmetterling durchkroch.

Auch Sie, im Sitze Ihres Glanzes,
Wird dieses Festes Sich erfreun,
Zum Schmucke Deines Ehrenkranzes
Auch Ihr Vergißmeinnicht Dir weihn,
Und kindliche Gebet' entschweben,
Und strömen Heiterkeit ins Land,
Für Deine Wohlfahrt, für Dein Leben,
Dem Itzgrund und der Neva Strand.

Von allen Freuden ist nicht eine,
Die mir nicht heute, in Bezug
Auf Deinen Jahrstag, die Gemeine
Dir auszukramen übertrug.
Ja, ja! die guten Leuten fragen
Ihr Herz wohl — aber keins erwägt
Welch eine Last von Ohrenplagen
Für Dich, sein Herz mir überträgt.

„Ist Er schon klüger nicht und jünger
„Als wir," hör' ich die Schöppen schrei'n,
„Muß doch als Schulz' Er Ueberbringer
„Der Wünsche Unsrer Dorfschaft seyn,

„Und trägt Er Scheu mit seiner Stirne
„Voll Runzeln sich dem Hof zu nahn,
„So schieb' Er Natteln *) — seine Dirne,
„Mit ihrem Tragkorb, nur voran."

*) Natalie von Thümmel, damals Hofdame bei Ihro Durchlaucht der Frau Herzogin von Coburg. Als Tochter des Autors, der den Schulzen vorstellte, überbrachte sie die Geschenke der Gemeine.

Empfindungen eines alten Astrologen an dem Geburtsfeste Ihrer Kaiserl. Hoheit der Frau Großfürstin Maria Paulowna Erbprinzessin zu Sachsen-Weimar.

Den 16. Februar 1810.

Hygea wiegte Dich, Dir lächelte Cythere,
Der Atropos entfiel, an jenem Tag, die Schere,
Der Dich ins Leben rief. Dir reichte das Geschick
Der Czaaren Diadem. Doch alle Kaiserehre
Hielt nicht Dein Herz von dem Begehre
Nach einem Myrtenkranz auf Weimars Flur zurück,
Der Dir den Reiz des Morgensterns gewähre
Und auf dem Gang zur lieblichsten Mystik,
Die Schatten um Dich her verkläre.
Dein schönes Leben liegt vor meinem Seherblick,

Wie zu Arkadien ein duftend Blumen-
stück
In seiner eignen Atmosphäre.
Was könnt' ich Dir vom Zevs, — gält in der Ster-
nenlehre
Sein altes Ansehn noch — zu so viel Erdenglück
Mehr als Bestand erflehn? Wenn ich der Mufti wäre,
Fleht ich's vom Mahomet, und ständ' ich im Verkehre
Mit Roms verjagtem Greis, fleht ich als Katholik
Es von den Puppen aller Hochaltäre;
Doch da nun bald mein Stern auf Luthers Lichtgang
mich
Gen Himmel führen wird, zu den geheimen Räthen,
Die etwa droben sind, wirksamer dann hoff' ich
Des Volkes Stimme dort, und Deines mütterlich
Gerührten Herzens, zu vertreten;
Und zu der Rebe, die schon Deinen Carl und Dich
Umrankt, noch einen Sproß der Liebe zu erbeten
Als keiner markiger, auf Deutschlands Erdenstrich,
Der Würde seiner Abkunft glich,
Und der, nach Euern spat erreichten Ruhestätten,
Fortkeimend, wie die Saat auf Edens Blumenbeeten,
Nicht früher, als die Welt, verblich.
Noch schweift mein leiblich Aug' in die azurne Ferne,
Noch freut es sich des Tags, der heute mich bescheint,

Sieht wie die bunte Welt, — sieht wie das Chor der Sterne
Zu meinen Wünschen sich vereint.
Ihr Zeugniß steht mir auf die Brust geschrieben,
Nah hat der Hesperus dem frostigen Planet,
Den wir bewohnen, mit den Trieben
Uns zu erfreu'n und uns zu lieben,
Sich Deinem Feste zugedreht;
Der Sonne Kern wirft auf sie beide
Fruchtspendend sein erhabnes Licht,
Und Hoffnung einer nahen Freude
Färbt ihr errötheudes Gesicht.
Denn, treten seiner Gluth die zwei Geschwister näher,
Wie heute, strömt Gedeihn ins Land,
Und jeder fromme Sternenseher
Drückt seinem Bruder froh die Hand.
Täuscht mich nicht meine Himmelskarte
Und alle Sternendeuterei,
Glaub ich daß schon der längst erharrte
In seine Bahn getreten sey,
Und selbst der Mönch auf Gotha's Warte
Stimmt meiner schönen Ahnung bei.

An Elise.

1784.

Hat die Natur zu Deiner Wahl, Elise,
Dir ihre Gärten aufgethan;
So wieß sie mir nur Blümchen von der Wiese
Zum Spielwerk meiner Jugend an.

Da wand ich Kränze für die kleinern Götter,
Die mir Anakreon besung,
Den Scherzen streut' ich frisch gebrochne Blätter,
Und dürre der Erinnerung;

Indeß Du täglich neue Rosen findest,
Seh' ich auf meine Erndtezeit
Betrübt zurück — Du erndtest fort — und windest
Dir Kronen der Unsterblichkeit.

Geringer Beitrag
zu der
autographischen Sammlung
der Frau Gräfin Constanze Rzewuska
geborne Prinzessin Lubomirska.

Aus dieser Schrift, die, im Vergehn
Des Lebens, noch ein Greis geschrieben,
Wird ein Lavater kaum erspäh'n
Wie treu der Frohsinn ihm geblieben.

Vernehmt dann wie es ihm gelang,
Aus seiner ungeschminkten Beichte,
Daß er die Grillen durch Gesang,
Die Heuchelei durch Spott verscheuchte.

Jung schmückt' ihn schon ein Blumenkranz,
Den die leichtfüßigste der Horen
Von ungefähr, im Ringeltanz
Mit seinem Genius, verloren.

Hinwelkend, durch die Zeit bestaubt,
Blieb dies ertändelte Geschmeide
Sogar noch seinem grauen Haupt
Ein Denkmal einst genoßner Freude.

„Wenn mir der Horen letzte ruft,
„Mag er, wie Tausend seines gleichen,“
So sprach der Greis, „an meiner Gruft
„Noch als ein Todtenkranz verbleichen.“

Einst aber warnt ein Nachtgesicht
Ihn, wie ein Faulthier fortzuwandern:
„Welkt Dir Dein Kranz — o nun so flicht
„Das Schicksal Dir wohl einen andern.

„Dich locke deutscher Rittergeist
„Ins Feld, wo Herrmanns Lorbeer sprießen,
„Um Dich dem Frühlingssänger Kleist
„Und seinem Nachruhm anzuschließen.“

Auch hielt es aus der Heldenzeit
— Des Greises Ehrtrieb zu erregen —
Ihm sein aus der Vergangenheit
Ererbtes Mordgewehr entgegen.

Allein sein weiches Herz entsprach
Zu wenig diesen Hochgefühlen;
Ihm graut, sich Kronen, durch die Schmach
Des Vaterlandes, zu erwühlen.

„Mich soll nicht jenes Traumgebild,“
Schwur er, „zum Waffenspiel verführen;
„Aus Menschenliebe würd' ich Schild
„Und Schwert, wie einst Horaz, verlieren.“

Kaum hatt' er dies geträumt, erschien
Ihm Mars, gefolgt von trunknen Schergen,
Es flohn die Grazien, für ihn
Blieb nicht ihr Schatten, sich zu bergen.

Umsonst fleht' er um ihren Schutz,
Sie zitterten, als ob ein Fieber
Sie überfallen, voller Trutz
An dem betroffnen Greis vorüber.

„Du, der als Jüngling schon so frei
„Und keck Dich gegen uns benommen,
„Jetzt suchst Du," riefen alle drei,
„Zuletzt bei uns Dein Unterkommen.

„Geh Deine Straße! Müßten wir
„Uns nicht vor Welt und Nachwelt schämen,
„Solch einen dreisten Passagier
„In unsre Mitte aufzunehmen?

Der Greis, verwundet durch den Stich
Des Chors mit blanken Schwanenhälsen,
Nahm seufzend seinen Stab und schlich
Hin zu Apollos Doppelfelsen.

Des Zutrau'ns lächelnd wies er ihm
Ein Plätzchen an in seinen Hallen;
„Hier wird Dich nicht der Ungestüm
„Der Plündrer," sprach er, „überfallen!

„Zu leicht ist ihnen Dichtersold,
„Ja, sie verkauften, den fünf Sinnen
„Zum Hohn, für eine Hand voll Gold
„Das ganze Chor der Pierinnen.

„Vergiß den Störer uns'rer Ruh,
„Sammt allen Siegen, die ihn krönen,
„Und eile den Triumphen zu,
„Die Deine Jugendzeit verschönen.

„Auf Flügeln der Erinnerung
„Schwing Dich zu Margots Kinderspielen,
„Werd' in Gedanken wieder jung
„Und täusche Dich mit Nachgefühlen.

„Dem Tauber kann nie, wenn er girrt,
„Ein Feldgeschrei zu Ohren dringen,
„Und Kinder, wenn ihr Fenster klirrt,
„Verjagen ihre Furcht durch Singen.

„Zum Ueberfluß reicht die Natur,
„Des Traums Verheißung zu erfüllen,
„Dir Cäsars Kranz, er diente nur
„Um seinen Kahlkopf zu verhüllen.

„Ein solcher Hauptschmuck," spöttelt er,
„Der Blößen deckt, ist unsern Tagen
„Sehr passend, und weit räthlicher
„Als einen Reiherbusch zu tragen."

Der launige Apoll entschied;
Der Greis verjüngte sich durch Lieder
Der Freude, drum schallt auch sein Lied
So gern an frohe Herzen wieder.

Franzenbrunn den 22. Aug. 1811.

Die

Inoculation der Liebe.

Eine Erzählung.

De l'art d'un Inoculateur
C'est l'Amour qui fut l'inventeur.
Pour l'intérêt d'un jeune coeur,
On fait la piqûre :
La cure
En est sure,
Jeunes Beautés, ne craignez rien ;
C'est un mal qui fait du bien.

Favart.

An den Herrn
Kreissteuereinnehmer Weisse
in Leipzig.

Wie selten fällt des jungen Dichters Wahl
Auf den Gesang, den ihm sein Herz empfahl.
Singt Einer auch von Amors Abentheuern:
So stimmen hundert ihre Leyern
Auf den Trompetenton der festlichen Moral,
Und jeder schreit mit andern Schreiern
Und mancher Harlekin wagt einen Todtensprung
In seiner ersten Angst, zu dem erhabnen Young
Und tändelt voller Ernst mit allen Ungeheuern
Der Schwermuth, spornt sich selbst zu Rasereien an,
Schweift in die Gegenden der Freuden ein — und stürzet
Mit Murren auf den Wandersmann,
Der durch ein Lied, das ihm sein Genius ersann,
Sich sorglos seinen Weg verkürzet. —

Wie reizend stell' ich mir die freien sichern Zeiten
Horazens und Properzens vor,
Wo nie ein Mensch um andrer Menschlichkeiten
Das Maul verzog und nur ein Wort verlor.
Man rechnete dem Dichter seine Lieder
Nicht für Verbrechen an, und Cicero rief nicht:
„Wer einen Wieland, lieben Brüder,
„Wer einen Wieland liest, der ist ein Bösewicht!"

Es lebe Billigkeit! Ich räche
An Andern niemals eine Schwäche,
Die ich selbst nicht besiegen kann,
Und sehe diese Welt gern für ein Gasthaus an,
Das jedem offen steht. — Wer sprechen will der spreche.
Hier ist für jedermann ein voller Tisch gedeckt:
Ein jeder esse, was ihm schmeckt,
Und jeder zahle seine Zeche!

Auch ich, ich höre gern die Sprache des Gefühls
Der Mädchen, die nun statt des langen Kinderspiels,
Den erst erwachten Wunsch erwärmter Herzen stammeln;
Und sehe gern, wie nach und nach
Sie von dem Leitband' an bis in das Brautgemach
Empfindungen der Freude sammeln:

Und überrasche gern die Unerfahrenheit
Mit der Natur und Lieb' im Streit. —

Freund, den die Scherze gern zu ihrem Dichter wählen,
Der zur Erholung auch nach langem Ernste lacht;
So einen Streit laß Dir erzählen!
Ein Mann von Welt wie Du, wird nicht gleich bitter schmählen,
Wenn es die Muse so, wie unsre Damen macht:
Die ziehn, — wer weiß es nicht? Bescheidenheit dem Schimmer
Des allzufreien Putzes vor:
Doch deckt ihr schönster Theil sich immer
Am liebsten mit dem dünnsten Flor.

Da, wo der dunkle Strom des Maines
Sich in den hellern Rhein verliert;
Wo nebst dem Gott des deutschen Weines
Der erste Fürst des Reichs regiert:
Nicht weit von Mainz — damit es jeder wisse,
Wer sich auf Politik und Flüsse
Und gute Weine nicht versteht, —
Da lebte, kürzlich noch, dem fetten Vaterlande,
Dem Adel und der Welt zur Schande,
Ein altes, geiziges, stiftmäßiges Skelet:
Ich nenn es Harpagon. — In seinen jüngern Jahren
Kam ihm die Grille sich zu paaren
Aus Liebe nicht, aus Raubsucht ein. Er stahl
Zwo Tonnen Golds durch seine schlaue Wahl:
Denn seine Ehe war nichts weiter,
Als nur ein Einbruch ohne Leiter,
Bei dem er noch vor der Gefahr
Gehenkt zu werden, sicher war.
Gewinnst genug für ihn, um einer Art von Drachen
In seinem Bette Raum zu machen!

Es segnete kein Mensch den neuen Ehestand.
Den Trauungssegen ausgenommen.

Gott, welch ein Paar! rief man durch's ganze Land,
Was werden erst für Kinder kommen! —
Dieß Urtheil war sehr übereilt gefällt.

Es kam ein Mädchen an, allein man mußte sagen,
So schön, als an den Hochzeittagen
Sich keine Seele vorgestellt.
Es hatte kaum die Augen aufgeschlagen,
So starb die Mutter schon, da sie zum Glück der Welt
Das Ihrige nun beigetragen. —
Das Kind zog jedermann mit bittendem Geschrei,
Nur seinen Vater nicht herbei. —
Der arme Mann! wie kann man das begehren?
Er saß, ganz blind von vielen Zähren
Und überrechnete genau
Was zu der Reise einer Frau
In jene Welt für Kosten nöthig wären?
Man stelle sich nur vor, wie so ein Tod zerstreut!
Bald ängstigt ihn die Pflicht, sie ehrlich zu begraben,
Und bald durchschauert ihn in seiner Einsamkeit
Das mächtige Gefühl, sie überlebt zu haben.
Halb froh, halb ängstlich, wie ein Dieb,
Verglich er das was ihm zurücke blieb,
Und was er ihr zu lassen hätte.
Er stahl der todten Frau die Hälfte von dem Bette,

Schloß jede Kleinigkeit von ihrem Nachlaß ein
Und ließ sein Töchterchen nach fremder Hülfe schrein.
Manch' Mädchen lief herbei und hatte zwar den Willen,
Allein sonst nichts, das Kind zu stillen:
Der Himmel mag Vergelter seyn! —
Zuletzt erschien ein Weib mit thätigerm Erbarmen,
Bat weinend sich das Kind von seinem Vater aus.
„Nehmt's hin, wenn's Euch gefällt', ich mache mir nichts draus." —
Die Alte nahm's und trugs mit schmeichelhaften Armen
In ihr armselig Bauernhaus. —
Der Alberne, der Ungerechte
War hier zum erstenmal für seinen Vortheil blind.
Ich wüßte nicht was so geschwind
Für eine süße Müh so viele Freude brächte,
Als ein gesundes, hübsches Kind,
Zumal von weiblichem Geschlechte. —
Von Tag' zu Tag' entwickelt sich
Ein neuer Reiz in seinen sanften Zügen.
Sey Vater oder Freund, stets überrascht es Dich
Mit einem menschlichern Vergnügen!
Die Wollust kannt' Er nicht — Das gute Bauerweib
Nahm das verlaßne Kind zu ihrem Zeitvertreib
Für ein geringes Kostgeld über.
Mit Seufzen zahlt Er's aus, zur Nahrung für den Leib

Und für die Seele? — Keinen Stüber!
Wenn man, dacht' Er, den Körper nur erhält,
Was kann die Seele noch verlangen?
Wer weiß es, sitzt die nicht zur Straf' in dieser Welt
Gleich einem Züchtlinge, wie auf dem Bau', gefangen.
Die Alte nahm so gut sich dieses Mädchens an,
Als jemahls eine Fee gethan.
Ich könnte viel davon erzählen:
Doch will ich nur ein Beispiel wählen,
Von dem man weiter schließen kann.

Es herrschte in dem Dorf ein alter Aberglaube,
Für jedes Kind ein Bäumchen zu erziehn.
Die Alte, der ein Baum noch viel zu wenig schien,
Pflanzt' für ihr Fräulein eine Laube
Von jungem sprossenden Jasmin.
Die Anstalt war sehr gut: denn alle Mädchen hatten
Nach funfzehn Jahren ihren Schatten:
Die Mühe war gering, doch eine Kleinigkeit
Kömmt manchmal in der Folgezeit
Den guten Kindern wohl zu statten.

Dem droht der Ueberdruß vergebens,
Der manchen Ehemann gleich nach der Trau befällt,
Wer die Gefährtin seines Lebens
Aus einer Beaumont Hand erhält;
Der kluge Mann wird nichts vermissen.
Ihm bleibt zu weiterm Unterricht
Nichts übrig, als die Kunst zu küssen.
O warum konnte doch die gute Mutter nicht
So viel als eine Beaumont wissen!
Das, was sie wußte, lehrte sie:
Sie lehrt das Kind erst reden und dann singen.
Und wußt' ihm ohne viele Müh
Geschmack am Lesen beizubringen.
Sie wagt' es ohne Locks Versuch
Die Unterweisung abzuändern:
Sie lasen manches gute Buch,
Und wechselten mit Hauskalendern.
In diesen Uebungen verfloß
Die lange Zeit von funfzehn Jahren.
Das Fräulein war nun hübsch und groß,
Empfindlich: aber unerfahren.

Einst las sie Zeitungen, und fing von Frankfurt an,
Die seltne Neuigkeit zu lesen:

„Es sei Dimsdal, der große Mann,
„Der Blatterimpfer, da gewesen“ —
Drauf, wie man denken kann, drauf fuhr
Die Zeitung fort, die Leser zu belehren,
Wie viele Mädchen schon mit Hülfe seiner Kur
Vor dem Verlust der Reize der Natur
Zu ihrem Trost gesichert wären —
Ihr Krankheitsbändiger mit tödtendem Gesicht,
Ihr habt wohl Recht auf diese Kur zu schimpfen! —
Auch unser Mütterchen, das doch sonst eben nicht
Schwergläubig war, fing an dabei das Maul zu rümpfen. —
Die Blattern? schrie sie, was? die Blattern einzuimpfen? —
Unmöglich ist das gut: doch wollt' ich, der Bericht
Wär' wahr! Ich weiß, was sie mir einst verdarben.
Auch ich war einstens schön. — Da sah mich jedermann
Mit freundlichen und güt'gen Augen an:
Doch itzt! — Wie bald ist es um uns gethan!
Bei dieser Larve voller Narben
Denkt weiter keine Seele dran. —
Das junge Fräulein hört zum erstenmal' erschrocken
Der Alten zu, und sieht zugleich in ihr,
Mit angstvoll stiller Neubegier
Ein traurig Monument der fürchterlichen Pocken;

Denn wie die Pfirsich nichts von ihrer Güte weiß,
Wenn sie auf der Natur Geheiß
Sich färbt, mit Woll' umzieht und endlich süßgefüllet
Der Lüsternheit entgegen schwillet:
So war bisher auch Fräulein Karolinen
Ihr eigner Werth noch unbewußt.
Sie tändelte noch nicht mit ihrer Schwanenbrust
Und dachte nicht daran durch schlaugewählte Mienen
Den Ruhm der Schönheit zu verdienen.
Mit sich noch unbekannt und kaum von sich gesehn,
War sie in stiller Anmuth schön.
Doch itzt, da sie mit ihren feinen Zügen
Der Alten Häßlichkeit verglich;
Itzt, da ihr Geist mit heimlichem Vergnügen
Des Körpers Lilien beschlich;
Da ihr geschärfter Blick mit lüsternem Bedachte
Die neuen Gegenden durchlief:
Fuhr manche Ahndung auf, und manche Sorg' erwachte,
Die still bisher in ihrem Schooße schlief. —
So wäre, rief sie aus mit traurigen Geberden,
Dieß Alles nur auf kurze Zeit so schön?
Dieß Alles könnte noch ein Raub der Blattern werden?
Und gäb es denn kein Mittel auf der Erden
Der Schönheit Feinden zu entgehn? —
Dürft' ich nur meinen Vater fragen!

Allein ich weiß es schon, es rühren meine Klagen
Ihn niemahls: denn sein Kopf ist nur von Zahlen voll,
Und stets schmäht er auf mich - - - Es sey! — Man
kann ja wohl
Für seine Schönheit etwas wagen? —
Der väterliche Trost war der Erwartung werth.
So heuchlerisch, so schriftgelehrt,
Als ob er ihn in * * * studieret: —
„Das ist ein Thor, wer seine Schmerzen häuft,
„Ein Sünder, welcher Gott in seine Rechte greift,
„Ein Bösewicht, — wer sich inoculieret.“ —
Damit entließ er sie. — Die junge Schöne schlich
Zu ihrer Fee, und fing so weinerlich,
So rührend an ihr Herz dem Mitleid zu entfalten,
Daß jeder Laut der guten Alten
Bis in die Seele drang; und gleich entschloß sie sich,
Die Zeitung in der Hand, im Dorfe öffentlich
Mit ihren Nachbarn Rath zu halten.
Sie lief von Haus zu Haus und fing zu fragen an,
Vom Schulzen bis zum Leiermann:
Doch keiner war der sie belehrte.
Der Küster selbst, so klug er war, erklärte,
Daß eine Kur, wie die, noch nie erfunden sey. —
Indem sie nun betrübt nach ihrer Hütte kehrte,
Ritt ein geputzter Herr vorbei:

Auch diesen fiel sie an. Er hörte
Mit Lächeln zu, und sprach: Laßt mich das Mädchen sehn!
Es ist nichts leichter zu verstehn.
Ein jeder junger Herr, gesagt zu unsern Ehren,
Wenn ihn nicht die Natur bloß für die Oper schuf,
Fühlt stets in sich den gütigen Beruf,
Einfält'ge Mädchen zu belehren.
Der Ritter war von dieser Art,
Empfehlend, freundlich und erfahren
In mancher Kunst, wie Abelard,
Als seine Künste und sein Bart
Noch ungekränkt im Wachsthum waren.
Ihn lehrten nur Ovid und Gleim
Die schwere Wissenschaft, dieß Leben zu empfinden,
Und doch, wer glaubt es wohl? gelockt durch reiche Pfründen
Wagt' er es einst zu Mergentheim
Das Kreuz der Keuschheit umzubinden,
Schwur Haß und Tod (das ging zur Noth noch an)
Den Türken und den Sarazenen;
Und schwur — Was haben denn Unschuldige gethan? —
Auch Etwas ähnliches den Schönen.
Nun sagt man zwar, die strengsten deutschen Herrn
Veränderten die Pflicht des Türkenkriegs ganz gern

In einen Ritterzug nach kleinen Liebeshändeln,
Und ließen oft die Mädchen ungescheut
In scherzender Vertraulichkeit
Mit ihren Ordenszeichen tändeln.
Ich sage nur, was halb Europa spricht,
Vielleicht ist's wahr, vielleicht auch nicht:
Ich achte nicht auf jede Stimme,
Und wär' es wahr — Nun wohl! Der große Sancho sprach:
Man sei nur Ritter erst, das Uebrige folgt nach;
Ein guter Umweg, keine Krümme.

Nicht jeder trifft, Bekanntschaften zu machen,
Die Zeit so gut, wie sie der Ritter traf.
Die Schöne lag in einem luft'gen Schlaf,
Ein Viertelstündchen vorm Erwachen.
So mancher Reiz, von dem der schwüle Tag
Die feinen Decken weggeschoben,
Ward durch das halbe Licht der Laube mehr erhoben,
In deren Schattenkreis sie lag. —
Ein solches Kleinod zu entdecken,
War sich der Ritter nicht versehn.
Er sah und blieb mit freudigem Erschrecken
Beim ersten Augenblick, wie eine Säule, stehn:
Beim zweiten wollt' er näher gehn,
Beim dritten - - - aber ach! die Unschuld schläft zu schön;
Es wär' ja Schade, sie zu wecken! —
Nun konnt' er eine lange Zeit
In unentschloßner Trunkenheit,
Bei diesem Gegenstand nicht seinen Blicken wehren:
Doch, als er reiflicher erwog,
Was ihm der Schlaf verrieth und was er ihm entzog,
Wagt er es endlich, ihn zu stören. —
Denn sehn wir wohl die größte Schönheit ganz,

Man seh' auch was man will, so lange wir den Glanz
Von ihren Augen noch entbehren?
Er kniete vor ihr hin, küßt' ihre nächste Hand - - -
Kein Wunder daß der Schlaf verschwand!
Es war der erste Kuß, den sie in ihrem Leben,
(Beglückt war der, der ihn gegeben!)
Im Wachen und im Traum empfand
Erröthend sprang sie auf und drehte
Den starren Blick auf den, der ihr die Hand gedrückt.
So steht im Schein der Abendröthe
Der Venus Marmorbild, das einen Garten schmückt.
Man spotte nicht! Der jungen Schönen
War der Besuch von einer Mannsperson
Noch unerhört: doch wird sie schon
Sich mit der Zeit daran gewöhnen. —
Die gute Fee, der wohl an Scenen
Von dieser Art nicht viel gelegen war,
Ermunterte zuletzt das allzustille Paar,
Sich ihrer Sprache nicht zu schämen. —
Hier dieser Herr, schrie sie, das dächten Sie wohl nicht,
Versteht die Wunderkur, von der die Zeitung spricht,
Und würde sich wohl gar bequemen,
Die Kur mit Ihnen vorzunehmen,
Wenn Sie es wünschten. - - - Auf einmal
Faßt auf das Wort der Fee, die schöne Karoline

Vertrauen zu dem Herrn, den seine gute Miene
Schon ohnedem bei ihr empfahl: – – –
Herr Doctor — oder wie Ihr Titel
Sonst heißen mag, besitzen Sie das Mittel,
Von dem die Zeitung Wunder spricht:
So bitt' ich, retten Sie mein jugendlich Gesicht.
Es ist das einzige, was mir das Glück gegeben,
Was mich noch zu erfreun vermag,
Ging es verloren: keinen Tag
Würd' ich dieß Unglück überleben.
Ich weiß zwar nicht, ob ich die Müh,
So sehr mein Herz es wünscht, verdiene? --
Nun, lieber Herr, — mit unschuldsvoller Miene
Sah sie ihn an, — was meynen Sie? —
  Wie pochte nicht das Herz dem jungen Herrn!
    So nahe
Hatt' ihm noch nie die Lieb' ein Netz gelegt.
Er fühlt', je mehr er auf sie sahe,
Je mehr sie sprach, sein Innerstes bewegt.
Was soll er thun? Das schmeichelnde Vergnügen,
Dies liebe Kind noch oft zu sehn,
Verwehrt ihm itzt die Wahrheit zu gestehn,
Die Ehrlichkeit verbot es, zu betrügen.
Zuletzt entschloß er sich, durch eine halbe Lügen
Den sichern Mittelweg zu gehn. —

Ich bin ein deutscher Herr, der in der Nachbarschaft
Auf seinen Güthern lebt; doch misch' ich mich zuweilen
Gern in die Medicin, und kann so meisterhaft,
Als Dimsdal nimmermehr, ein hübsches Mädchen heilen.
In meinem Umgang schon steckt die verborgne Kraft,
Die Krankheit andern mitzutheilen.
Es ist ja überhaupt der Blattern Eigenschaft!
Eins steckt das Andre an – – – doch gnug, itzt muß ich eilen:
Sie werden das schon mit der Zeit verstehn.
Sie leben wohl, auf baldig Wiedersehn! —
Hiermit entriß er sich des Fräuleins Schmeicheleien,
Schwung sich aufs Pferd und zog den Hut – – –
Da hielt es noch die alte Fee für gut
Ihm diese Warnung vorzuschreien:
Der Himmel segne Sie für Ihre Gütigkeit,
Mein junger Herr, auf viele Jahre!
Nur sorgen Sie, daß vor der Zeit
Des Fräuleins Vater nichts von Ihrer Kur erfahre;
Das ist ein Mann, der für die schönste Haut
Nicht einen Groschen giebt, und (daß Sie Gott bewahre!)
Dem bösen Feinde mehr, als einem Arzte traut.

Dem Leser, welcher das Project
Des Ritters nicht etwan von selber schon entdeckt,
Will ich davon, so viel ich weiß, erzählen. —

Er hatte nicht umsonst so manche hübsche Nacht
Des Körpers Wunderbau, das Labyrinth der Seelen,
Als Ritter durchgeirrt, als Weiser durchgedacht,
Und alle Wendungen, die die Verliebten wählen,
Nach Regeln der Natur in einen Plan gebracht.
Er ward seitdem der Liebe nur getreuer,
Und wieß, je mehr er itzt mit kritischem Verstand
Beleuchtete, was er empfand,
Nur desto weniger die kleinen Abentheuer
Mit hübschen Kindern von der Hand. —
Unwissenheit berauscht, Erfahrung machet nüchtern.
Wenn itzt die Lieb' ihm winkt, flammt seine Einbildung
Nicht mehr so hoch als sonst, und seine Forderung
Ist nicht zu dreust und nicht zu schüchtern.
Sein erster Rausch war zwar schon längst vorbei, doch blieb
Ihm stets davon noch die Erinnrung lieb.
Er sah an Andern gern die Lust, die er empfunden,
Sah gern die Liebenden in ihrem ersten Glück

Und rufte, wie ein Kind in seinen Morgenstunden
Den halbvergeßnen Traum zurück.
Noch lieber ließ er sich mit den vertrauten Scherzen
Zum Unterricht so unerfahrner Herzen,
Wie Amor ihm in Karolinen gab,
Mit lehrbegier'ger Lust herab.
Es ist, ihr Mädchen hört's! die feine Kunst zu lieben,
Wie das Basset, ein sehr betrüglich Spiel.
Es giebt der Männer gar zu viel,
Die sich in losen Künsten üben.
Wenn Euer Herz, mißtrauisch beim Gefühl
Der Liebe stutzt: gleich unterschieben
Sie Euch ein falsches Wort, das, wie der Unschuld dünkt,
Schon mehr erlaubt und besser klingt.
Ein Kuß auf Eure Hand ist nur ein Ehrfurchtszeichen,
Das, wenn es sich auf Euren weichen
Korallenfarbnen Mund verirrt,
Nicht Liebe, nein, nur Freundschaft wird.
Euch lockt ein süßer Trieb zu schattenreichen Büschen—
Was wollt ihr da? — Ihr wißt es selber nicht:
Doch Euer Freund erklärt's. Ihr sucht Euch zu erfrischen,
Weil Euch — weil Euch die Sonne sticht.

Aus Müdigkeit setzt er sich bei dem Bache nieder,
Ihr folgt dem Wink aus gleicher Müdigkeit:
Des Bachs Geräusch ist Schuld an der Zufriedenheit,
Die aus Euch scherzt — und Weissens Jugendlieder
Vertreiben Euch die kurze Zeit,
Und wenn Ihr Euch aus Zärtlichkeit nun Beide
So weit vergeßt, wie ich mich oft vergaß —
Was grübelt Ihr? — Fragt ihn! Es war nur Uebermaß
Der Liebe nicht, nein nur der Freude.
Nach diesem glücklichen System
Hielt unser junger Herr auch dießmal für bequem,
Das unerfahrne Herz des Fräuleins zu behandeln,
Und eine Kur, von der er nichts verstand,
Durch Sympathie in eine zu verwandeln,
Für die er mehr Beruf empfand. —
Mit dem Entschluß ging er zu Bett' und träumte,
Wie jeder junge Arzt von seiner ersten Kur.
Doch daß er nicht etwan sein krankes Kind versäumte,
Was manchmal selbst Boerhaven widerfuhr,
Zog er zuvor an seiner Uhr
Den Wecker auf. Die Mühe war vergebens,
So klein sie war. Das Herz, der Wecker unsers Lebens,
Ermuntert uns weit sicherer zur Zeit,
Von einer solchen Wichtigkeit.
Kaum war er wach, kaum war der Tag erschienen,

Der doch im Mai nicht langsam ist:
So eilt er schon zu Karolinen.
Er fand das muntre Kind im Grünen,
Mit einem Blick ward er von ihr gegrüßt,
Der leichter anzusehn, als zu beschreiben ist.
Unnöthig suchte sie, daß eine sanfte Sprache
Verständlicher ihn nach und nach beredter mache.
Ein Blick, wie dieser war, ist leichter zu verstehn,
Als manche wohlgesetzte Chrie.
Ich, fing sie stotternd an, komm', wie Sie mich hier sehn,
Erst aus dem Bett'. Und Sie — Sie geben sich die Mühe
Um mich, — ich schäme mich, — so früh schon auszugehn? —
„Ein Liebesdienst kann, rief er, nie zu frühe
„Auch selbst um Mitternacht geschehn."
Du armes Kind! So listig hintergangen,
Seitdem es Mädchen giebt, ward keine noch als Du;
Du eilest, wie Du glaubst, mit löblichem Verlangen
Um die Erhaltung Deiner Wangen
Dem Arzt — Betrogene, Du eilst der Liebe zu!
Noch unbekannt mit ihren Streitigkeiten
Ergiebst Du Dich ihr gern, nach einer Krankenpflicht.
Wie könntest Du mit Amorn streiten,
Du gutes Kind, Du kennst ihn nicht! —

Der Arzt fing an zuerst, wie sichs gebührt, zu
fragen:
„Wie geht der Puls?“ – „So, so; – da fühlen
Sie, mein Herr“
„Er geht sehr frisch — allein in wenig Tagen
Fuhr er prophetisch fort, wird er weit heftiger
In den geschwollnen Adern schlagen.
Und itzt, sprach er, halt' ich für gut,
Und sprachs in jenem Ton, der den verlornen Muth
Bei Kranken wiederbringt, mit freundschaftlichen Küssen
Das jungfräuliche Winterblut
Vor allen Dingen zu versüßen.
Für eine feurige Natur
Ist dieß die beste Frühlingskur,
Wie wir aus der Erfahrung wissen.“
„Ich folge gern, rief das geliebte Kind,
„Und fühle wirklich schon die Süßigkeit gelind
„Mit jedem Kuß durch meine Adern fließen.“ —
Sie wiederholten oft der Liebe Kinderspiel,
Das beiden Theilen wohlgefiel:
Die Alte nur fing an den Kopf dabei zu schütteln.
„Eh ich noch völlig mündig war,“
Murrt' sie vor sich, „genoß ich zwar
„Auch dann und wann von diesen süßen Mitteln:
„Allein, wenn ich mich recht besinnen kann,

„War etwas anders Schuld daran.
„Doch, wie man manchmal liest, hat alles sich verwan-
delt.
„Ein jedes Jahr ha' eine neue Kur,
„Und sonsten brauchen Mörder nur
„Den Schirlingssaft, den itzt der Arzt verhandelt.“

Das junge Paar fuhr fort in bester Eintracht froh
Zu küssen, Er — und Sie — dafür zu danken:
Und wie der erste Tag entfloh,
Verging der andre auch — Doch fingen schon der Kranken
Am dritten an die Knie zu wanken.
Der Puls schlug heftiger, so bald der Ritter kam,
Und stockte, wenn er Abschied nahm.
Dann jagten Wünsche sich mit schreckenden Gedanken.
Die Langeweile zwar beschleunigte die Nacht:
Doch seufzend ward sie hingebracht:
Matt stand sie auf. — Mit schmachtenden Geberden
Erzählte sie der Alten ihre Noth
Und sprach am vierten Tag', um widerlegt zu werden,
Mit süßem Lächeln von dem Tod.
Die Alte ließ an sie, weil doch einmal die Mütter
Viel weiter als die Töchter sehn,
Erfahrungsvoll viel Tröstliches ergehn. —
„Mein Kind, sprach sie, der Tod ist bitter.
„Sie werden, — lassen Sie den Ritter
„Das Seinige nur thun — es besser überstehn,
„Als sich itzt denken läßt." - - - Zum Glücke
Trat auch, indem sie sprach, der junge Arzt herein
Und mit ihm Trost und Ruh. Sein Kuß und seine

Blicke

Verbreiteten, (so wie geschwinder Sonnenschein
Ein Schimmern übers Meer,) auf Karolinens Wangen
Ein Lächeln, wie man nur in einer Brautnacht sieht,
Das von dem Herzen ausgegangen,
Sich auf das Herz zurücke zieht,
Und unserm jungen Herrn ein feuriger Verlangen
Nach ihm, als nach dem Tod' verrieth.
Der Ritter zitterte, und wär' dem keuschen Orden
Beinah schon ungetreu geworden. —
Wenn ich Deutschmeister wär', hätt' ich's ihm wohl verdacht?
Die Liebe hat schon mehr Meineidige gemacht,
Die dennoch zu Kapitel gehen:
Denn, würde jeder abgesetzt,
Der diese strenge Pflicht verletzt,
So würden weit und breit die Lehen
Des deutschen Reiches offen stehen.
Ach wider eines Mädchens Reiz
Hilft weder Fürstenhut noch Kreuz! —
Und dennoch hielt der junge Herr noch lange
Sein Herz, so sehr es auch nach der Vollendung schlug,
In jenem ungeduld'gen Zwange,
Den nie vor ihm ein deutscher Herr ertrug.
Zwar überließ er noch den unzufriednen Sinnen
So manche schon erlangte kleine Lust

Auf Karolinens Mund und Brust,
Wenn's möglich wär', noch einmal zu gewinnen,
Und schob nur Etwas auf, das, wenn man zärtlich liebt,
Man ungern einen Tag verschiebt.
So überließ Columb ermüdeten Begleitern
Von seiner Tapferkeit das schon entdeckte Land;
Voll Ahndungen, mit sieggewohnter Hand
Sein seltnes Glück noch zu erweitern,
Schifft er in Ruhe fort, und überschifft den Strand,
Wo Helden ohne Vorsicht scheitern. —

Der Schönen ward, nach Sonnenuntergang,
Wo sie ihr Freund verließ, die Zeit gewaltig lang.
Sie sank verlassen und entkräftet
Auf einen alten Lehnstuhl hin,
Und hatte voller Eigensinn
Die Augen auf die Wand geheftet;
„Ach!“ seufzte sie mit krankem Ton,
„Ich werde mich bald legen müssen!
„So ausgebreitet fühl' ich schon
„Die Wirkungen von seinen Küssen
„Durch alle meine Adern fließen:
„Drum gute Mutter, haltet nur
„Ein frischgemachtes Bette fertig,
„Ich bin den Ausbruch meiner Kur

„Fast jeden Augenblick gewärtig.“ —
Drauf legt' sie sich, wie manchmal eine Braut
Vor ihrem Hochzeittage, nieder,
Und seufzte leis: „mit heiler Haut
„Geschieht es doch gewiß nicht wieder!“ —
Die Alte wachte wundersam,
Um ja durch nichts der Kranken Schlaf zu stören,
Und wedelte den Arm sich lahm
Von ihr die Fliegen abzuwehren.
Wer sieht nicht gern den Schlaf von einer solchen Kranken,
Als Fräulein Karoline war?
Da werden oft die heimlichsten Gedanken
In jeder Wendung offenbar.
Wie viel verrieth auch hier die angenehme Röthe,
Die immer mehr sich im Gesicht
Der schönen Träumerin erhöhte,
Wie viel verrieth der Trieb, der ihren Busen blähte,
Den Augen des Bemerkers nicht!
Wenn's eine Wette gält', den Traum wollt' ich erzählen,
Es sollte mir kein Umstand fehlen. —
Das alte Weib, trotz seiner Schläfrigkeit,
Blieb treulich wach, bis zu der Morgenzeit,
Wo Karoline sich dem Schlummer

Mit einem Seufzerchen entwand,
Und immer noch ihr Herz voll Kummer
Und nach Besichtigung des Busens und der Hand
Kein Merkmal noch von Blattern fand.

Ein Umstand macht mich itzt verlegen,
So wenig ich's sonst bin; es regen
Zween Wünsche sich, die auf einmal
Sich selten anzutreffen pflegen;
Bleib' oder bleib' ich nicht? Ich habe bei der Wahl
Mehr als man denket zu erwägen.
Wie ungern möcht' ich itzt von meinem Posten gehn!
Das Fräulein sucht, um aufzustehn,
Ihr Mieder und ihr Unterröckchen —
Ich läugne nicht, das möcht' ich sehn!
Als Knabe schon trug ich mein Döckchen
Im Hemd herum und fand es schön:
Die kind'sche Lust hat sich erhalten.
Allein beim Blitz! Erst steht mir bei der Alten
Ein böser Augenblick bevor:
Die dehnt sich aus und gähnt empor,
Und löst — das ist nicht auszuhalten —
Die Schleifen auf — Gut, gut! ich wünsche wohl zu ruhn;
Ich hab' auch anderwärts zu thun.

Der Ritter hatte kaum gemerkt,
Wie redlich ihn der Schlaf gestärkt,
So stand er auf, von allen Sorgen
Des Alters und der Milzsucht frei,
Und segnete den heitern Morgen
Und seine Jugend und den May.
Der Plan, den ihm die Lieb' entwarf,
Das unschuldsvollste Herz zu rühren,
War halb erreicht; und es bedarf
Nur einer Kleinigkeit, ihn vollends auszuführen.
Voll Muth klopft sein entschloßnes Herz
Und an der Hand der Zärtlichkeit geleitet,
Eilt er dahin, wo ihm der Scherz
Ein sanftes Lager zubereitet;
Und weil er weiß, daß sich der Liebe Reiz
Mit falschem Putze nicht verträget:
So hatt' er, eh' er ging, sein glänzend Ritterkreuz
Mit klugem Lächeln abgeleget. —
Die Kranke hatte kaum den jungen Arzt erblickt,
So lag sie schon in seinen Armen
Und ward mit tröstendem Erbarmen
An sein verliebtes Herz gedrückt. —
Die Glücklichen! Sie fühlten nur und schwiegen,

Und wechselseitiges Vergnügen,
Das rührend still so wie der Morgen war,
Schien dieß berauschte frohe Paar
In die Vergessenheit zu wiegen;
Und wollustvolle Thränen stiegen
Den Küssenden ins Aug' - - - allein
Wird wohl der armen kranken Schönen
Mit alle dem geholfen seyn?
Ich will nichts Böses prophezeihn:
Allein ich zweifle fast, denn ihre Blicke sehnen
Sich, wenn ich's recht versteh, nach stärkern Arzenein.
Ihr Busen zieht des jungen Mannes Thränen,
Ihr heißer Mund zieht seine Küsse ein,
Und jeder Athemzug vergiftet,
Wie leicht zu denken ist, ihr wallend Blut noch mehr.
Der Puls bleibt aus, der Athem wird ihr schwer.
Nun wankt — nun sinkt sie gar — und er? —
Indem er ihr die Schnürbrust lüftet,
Ruft Hülfe — doch, auf das Gehör
Der Alten, welche schlief, war sich nicht zu verlassen.
Er rufte noch einmal — allein er hätte eh'r
Den Vater aus dem Wald, die Kinder von den Gassen
Herbeigeruft: denn Schlaf und Alter hören schwer,
Und von den Bäumen in dem Garten
War nichts, als Schatten zu erwarten.

Auch der ist gut zu seiner Zeit.
Er trug, — (die Laube war zu gutem Glück nicht weit,)
Sein krankes Kind dahin und legt die matten Glieder
Sanft ausgestreckt im weichen Rasen nieder,
Und lobte die Gelegenheit.
Kaum lag die Schöne da, so gingen
Ihr schon die Augen auf, die blassen Wangen fingen,
Mit neuem Feuer an zu glühn – – –
Was half denn so geschwind? Kann etwan der Jasmin
Ein Mädchen wieder zu sich bringen?
Wie? oder hat ein Arzt, der seine Kunst versteht,
In seinen Händen schon dieß glückliche Vermögen?
Das weiß ich Alles nicht, das mag die Facultät
Der Aerzte weiter überlegen. —
Kurz der Genesung schnell Gefühl
Bewieß ihr deutlich gnung, sie habe nun das Ziel
Der Kur erreicht. — Im schnellen Uebergange
Vom Dunkeln in das Licht, und eben dieses war
Der jungen Dame Fall, ist uns vor der Gefahr
Aus Freuden blind zu werden, bange:
Man klaget lächelnd über Licht,
Hält seine Hände vor's Gesicht
Und traut sich halb und traut sich wieder nicht,
Die scheuen Augen aufzuschlagen:
Doch was man nicht sogleich vermag,

Kommt schon — Wir blinzeln erst bis wir den vollen
Tag
So gut als Andere vertragen. —
So saß auch Sie in Furcht und Hoffnung da,
Und wußte nicht wie ihr geschah,
Und ob die Kur geendet wäre?
Mit Stammeln fragt sie ihn: doch er erklärt sich nicht
Und führet sie zu mehrerm Unterricht
Noch einmal in die Kinderlehre. —
Und nun floh der Betrug und unsre Schöne nahm,
Je weiter sie in der Erkenntniß kam,
Nach der Gewohnheit aller Schönen,
Die letzte Zuflucht zu den Thränen.
Bei ihrem süßen nie gefühlten Gram
Schwur sie, mit ihm, der sie in seine Arme nahm,
Mit diesem falschen Mann sich niemals zu versöh-
nen. —
So martert sich aus Stolz, aus Sehnsucht und aus
Schaam,
Ein säugend Kind, das wir entwöhnen.
O möchte stets die Schaam der Mädchen Wang'
erhöhn!
Dieß Himmelszeichen macht ein jedes Mädchen schön.
Selbst Psyche ward dadurch dem jungen Amor lieber.
Die Röthe, die wir oft an mancher Schönen sehn,

Wenn wir zu viel uns unterstehn,
Ist nicht von dieser Art; gleich einem Scharlachfieber
Greift sie die Haut nur an, und — wenn wir weiter
gehn,
Tritt sie wohl gar ans Herz und geht in Ohnmacht
über. —
Die Farbe, welche hier des Fräuleins Wang' umzog,
War ächte Farb', und sie verflog
Nach tausend Küssen erst, und Beide
Genossen nun die seltne Freude,
Die Freude der Beruhigung.
Nur manchmal noch entstand auf Karolinens Wangen
Ein wiederkommendes Verlangen
Aus dankbarer Erinnerung. —
Doch wer beschreibt die Freude, die wir fühlen,
Wenn die entbrannten Triebe nun
Sich in gelinder Wärme kühlen,
Und unsre Sinne von den Spielen
Der ersten Lieb' ermattet, ruhn! —
O möcht' ich bald zu Deinen Füßen,
Gespielin meiner Jugendzeit,
Nach wohlerlangter Müdigkeit
Dieß Glück der Wanderer genießen! —
Laß nicht, itzt da der Weg mit Blumen überstreut
Uns manchen Platz zur Ruhe beut,

Unthätig unsre Zeit verfließen!
Was soll uns denn den Weg versüßen,
Wenn erst der Winter kömmt und Berg und Thal
verschneyt,
Und alle Schritte uns verdrießen?

Die Zeit verstreicht für Liebende geschwind:
Und unser junges Paar verlauschte
Den Mittag schon, als etwas mehr als Wind,
Um die verschwiegne Laube rauschte.
Es war die gute Fee — Sie hatte nun die Nacht,
Wo sie die Schlafende bewacht,
So ziemlich wieder eingebracht.
Kaum konnte sie die Glieder regen,
So lief sie nach der Laube hin:
Doch, wenn ich recht berichtet bin,
Kam sie dießmal ein wenig ungelegen.
Als eine seichte Kennerin
Von Schilderey'n der Art besah sie Karolinen
Vom Fuß' an bis zum Kopf, und doch verstand sie nicht,
Was ihr dieß glühende Gesicht
Und diese so zufriednen Mienen
Ganz deutlich vorzumalen schienen.
Sie macht die Brille fest, und guckt und fragt dabei,
Ob ihr ein wenig besser sey? —

„Ja, rief das Fräulein, ja; die Krankheit ist vorüber.
„Ich fühle mich so hergestellt,
„Wie jedes Mädchen wünscht. Mir ist nunmehr die Welt,
„Mein Reiz, und selbst mein Leben lieber.“ —
Sie reicht' dem Arzt die Hand, indem sie dieses sprach,
Und tausend Küsse folgten nach. —
Die Alte sah den Herrn mit jener Ehrfurcht an,
Die wir für Aesculape tragen,
Und wollte schon für ihren hohlen Zahn
Bei der Gelegenheit nach einem Mittel fragen.
Allein, er ließ sie nicht zum Wort,
Stand auf und ging entschlossen fort,
Und sprach: „Noch kennen Sie nicht alle die Gefahren,
„Die mit der Kur verknüpfet sind:
„Drum geh' und sorg' ich itzt, mein Kind,
„Sie für den Rückfall zu bewahren,
„Der täglich fast bei Ihren Jahren
„Zu fürchten ist.“ — Wohin mag er wohl gehn?
Vielleicht weiß er ein Kraut im nächsten Walde stehn,
Das dazu dient - - - Doch nein! — Mit übereiltem Schritte
Ging er nach ihres Vaters Hütte.
Nun die Gesichter möcht' ich sehn!

Doch ich errathe seine Bitte.
Ein andrer hätte sie so hurtig nicht gethan: —
Er hielt um Karolinen an.
So bald der junge Herr sich deutlicher erklärte,
Daß, außer Karolinens Hand,
Die ihm auf diesen Fall der Alte zugestand,
Er keine Ausstattung und kein Geschenk begehrte,
Kein Hemd' und neues Kleid: mit einem Worte: nichts
Als nur die Mitgift des Gesichts
Und das, was ihr noch sonst als Mädchen angehörte; —
So sprach er: „Ja" und gab ihm zum Verkauf
Sein Ehrenwort und seine Hand darauf
Und schickte gleich nach Karolinen. —
Die kam geschwind mit ihrer Alten her,
Sah auf den jungen Herrn mit halb verschämten Mienen
Und sagte hurtig „Ja!" und kurz nach ihr erschienen
Zween Zeugen und ein Geistlicher - - -
Das sieht ja eilig aus! — Ich glaube,
Der Alte weiß wohl gar, was in der grünen Laube
An seinem Töchterchen für eine Kur geschehn?
O nein! Sein Geiz argwöhnte nur, es möchte
Der Kauf wohl noch zurücke gehn,

So bald der Ritter ihn als Oekonom bedächte. —
Er that es nicht und bot schon seine Rechte
Der schönen Braut mit Freuden dar.
Da ward zum Glück für sein freyherrliches Geschlechte,
Die alte Fee noch ein Versehn gewahr:
Die Schöne stand in der Gefahr,
In der wohl öfters Jungfern stehen,
Sich ohne Kranz getraut zu sehen,
Und ließ ihr dunkelbraunes Haar,
Verstört, wie es seit Morgens war,
Uneingedenk in alle Winde wehen.
Die Zeit verläuft indeß! der Abend bricht herein.
Wie ist der Sache wohl in solcher Eil zu rathen? —
Nach manchem Vorschlag, den sie thaten,
Fiel endlich noch der Braut das beste Mittel ein. —
„Auf was, rief sie, will man noch warten?
„Geh, Marte! lauf! Wie vieles findet sich
„Zu einem Kranz' in Deinem Garten!
„Lauf nur zur Laube hin und brich
„Drei Stängel ab! Sie! die ich oft in Tagen
„Der schwülen Sommerszeit zu meinem Trost beschlich,
„Sie wird mir nicht den letzten Dienst versagen.

„Nur ihre Blätter will ich tragen,
„Denn man erzog Sie ja für mich!“ —
Man weiß, ein Kranz ist bald gewunden,
Bald festgesteckt, und manchmal bald zerstört. —
Nun ward dem Geistlichen mit Andacht zugehört;
Und nach Verlauf von wenigen Sekunden
Die Braut, — der Ehre war sie werth:
Zu einer jungen Frau erklärt. —
So ging der Trauungstag zu Ende.
Ein wenig zwar beraubt folgt ihm die erste Nacht:
Doch unser Fräulein ward durch schon bekannte Hände
In alle Sicherheit gebracht.
Dnnn man liegt doch im Bette, wie ich glaube,
Weit sich'rer, als in einer Laube
Die noch so schönen Schatten giebt.
Hier sieht's kein Mensch, wenn sich die Haube,
Auch dann und wann im Schlaf verschiebt: —
Und wenn es ja des Morgens merklich wäre:
So eine Kleinigkeit ficht eine Frau nicht an —
Sie setzt sie wieder recht und schwört bei ihrer Ehre,
Der Mann hab' es im Schlafe bloß gethan — — —
Doch wo gerath ich hin? — Das kommt von vielem Plaudern. —

Wer hieß mich auch so lange zaudern? —
Die Leutchen haben schon einander eingewiegt.
Wie süß ist nicht Sein Schlaf! Auch unsre Karoline
Liegt neben ihm in der zufriednen Miene,
In der wohl jede Frau beruhigt und vergnügt
Nach einer schweren Krankheit liegt.

Wilhelmine.

Ein prosaisch komisches Gedicht.

Vorrede

der zweiten Auflage.

Die Wilhelmine könnte in dieser neuen Auflage ganz wohl ohne Vorrede erscheinen, weil der Verfasser nicht viel über dieses kleine unwichtige Gedicht zu sagen hat. Durch den Beifall, womit ihn einige Persohnen beehrt, denen er vorzüglich zu gefallen wünschte, hat er seine Absicht vollkommen erreicht — Indessen ist ihm auch nicht unbekannt geblieben, daß ihn verschiedene andere lieber beschuldigt hätten, als ob er mit dieser Kleinigkeit etwas Böses wider die Religion und ihre Diener im Sinne führe, und diesen zu ernsthaften Kunstrichtern hält er sich für verbunden, öffentlich zu sagen, daß keiner von ihnen vielleicht selbst mehr Ehrerbietung gegen die Religion und Hochachtung gegen vernünftige Geistliche haben könne als er; wie würden sie sich wundern, wenn der Verfasser hier die ehrwürdigen Namen einiger großen Geistlichen hersetzen wollte, die dieses Gedicht bei allen seinen ersten Fehlern mit Vergnügen gelesen und kein Geheimniß daraus gemacht haben. Da sich aber der Verfasser auf einen witzigen Einfall, dem ein zu strenger Eifer vielleicht ein verdächtiges Gepräge geben könnte, nicht so viel zu Gute thut, um ihn nicht ohne Barmherzigkeit auszustreichen, so hat er, auf den Rath eines unsrer trefflichsten Dichter, diesen Anstoß durch einige Veränderungen zu heben gesucht. Der Ruhm eines guten Christen gilt ihm mehr, als das Lob eines glänzenden Genies — aber er macht freilich keine Umstände, eben so herzhaft über Kobers Kabinetsprediger und seines gleichen zu lachen, als er einen Cramer und Schlegel mit stillem Ernste und gerührtem Herzen liest. Er würde von dieser seiner Gewohnheit nicht abgehen, wenn er gleich selbst die Würde eines Priesters bekleidete, so wenig als er itzt, da er an einem Hofe lebt, sich Bedenken macht, über einen allzugalanten Hofmarschall, einen müssigen Staatsrath und einen affectirten Kammerjunker seinen Scherz zu treiben.

Vorrede
zu der dritten Auflage.

Es ist mir des Herrn Pastors wegen nicht lieb, daß Wilhelmine, seitdem sie an ihn verheirathet ist, mit ihren Kleidern noch so oft ändert, als sie es am Hofe gewohnt war, und von jeder Leipziger Messe wenigstens mit einem Jüpon versehen wird, woran der Pastor, wie man wohl denken kann, nicht den geringsten Antheil hat.

Das sind die Sitten der großen Welt, Madame, die Sie auf dem Lande ablegen müssen! Kann man es den Leuten verdenken, wenn sie sich darüber aufhalten? „Was bildet sich denn die Frau ein?“ habe ich schon hier und da sagen hören. „Trägt sie nicht Spitzen, die mehr kosten, als die Pfarre ihres Mannes in vielen Jahern kaum einträgt — da andere ehrliche Weiber, die doch wohl ein bischen mehr werth sind, züchtig und ehrbar einhergehen — Wenn sie doch an ihren Ursprung dächte, und die Spötter nicht so oft erinnerte, daß sie einmal am Hofe gewesen ist — Wie froh sollte sie doch seyn, wenn es die Leute vergäßen!" Diese Reden, Madame, zu denen Ihr prächtiger Aufzug so vielen Anlaß giebt, bringen auch mich in eine gewisse Verlegenheit, da jedermann weiß, daß ich einige Freundschaft für Sie habe, und gern Ihre Aufführung zu entschuldigen suche, wo es nur möglich ist; aber wirklich — itzt gehen Sie zu weit. Sie tragen sogar, wie ich höre, noch immer seidne Strumpfbänder mit französischen Versen gestickt? — Je! zu was denn solche Strumpfbänder, Madame? An Ihrem Hochzeittage konnte zwar dieser verborgene gelehrte Staat noch mit Ehren ans Licht kommen; denn hätte nur damals das Feuer Ihre vornehmen Gäste nicht so erschreckt, so würden sie gewiß die artigste Ceremonie nicht vergessen haben — Ihre Strumpfbänder wären gewiß, noch vor der völligen Uebergabe Ihrer kleinen Person an den Herrn Pastor, von einer adelichen Hand abgeknüpft, und in guter Gesellschaft seyn verlesen worden, und ich weiß, der Kammerjunker würde dabei seiner Lunge Ehre gemacht haben; aber zu was in der Welt kann Ihnen itzt diese Mode nützen? Ich weiß mir keinen Umstand zu denken, wo Ihre Strumpfbänder noch itzt der Lectüre ausgesetzt seyn könnten, und verlören Sie Eins einmal auf dem Kirchwege, zu welchem Aergernisse würde dieses Gelegenheit geben! Uebrigens will ich gern eingestehen, daß Ihre Kleidung sehr artig und Ihr ganzer Anzug mit vielem Geschmacke gewählt sey; Ob ichs aber billige, ist eine andere Frage. Ja, wenn Sie noch am Hofe wären: je nun da — aber da haben Sie in Ihrer Blüte genung gefallen, und nun thäten Sie wohl, wenn Sie Sich auch denen Personen zu empfehlen suchten, die bisher nicht Ihre Freunde gewesen sind. Damit Sie dieses erreichen, rathe ich Ihnen, eine stille ehrbare Miene anzunehmen, wenn sie Ihnen auch nicht natürlich seyn sollte. Eine schwarze Stirnbinde würde gut dazu stehen! Statt der durchsichtigen Halstücher legen Sie eine schwere Sammtmantille um — Ein kannefaßner Rock — flohrne Streifchen am Hemde — So ungefähr muß Ihr Putz seyn, wenn Sie den Herren gefallen wollen, die sich bisher über Ihr leichtsinniges Ansehn so geärgert haben.

Erster Gesang.

Einen seltnen Sieg der Liebe sing' ich, den ein armer Dorfprediger über einen vornehmen Hofmarschall erhielt, der ihm seine Geliebte vier lange Jahre entfernte, doch endlich durch das Schicksal gezwungen wurde, sie ihm geputzt und artig wieder zurück zu bringen.

Der große Gedanke, der sonst die deutschen Dichter erhitzt, daß sie die Freuden des Tages und die Erquickung der Nacht — daß sie die Peiniger der menschlichen Natur, Hunger und Durst, und die größern Qualen der Dichter, den Spott der Satyre und die Faust des Kunstrichters verachten — dieser große Gedanke: Einst wird die Nachwelt mich lesen — hat keinen Antheil an meinen Gesängen. Dein belohnendes Lächeln allein, komische Muse! reizt mich an, diesen neuen Sieg der Liebe zu singen; und will ja die Göttin des Ruhms der süßen Bemühung des Dichters noch eine Belohnung hinzuthun, so sei es der theure Beyfall meiner Caroline! Sie lese dieß Lied, das ich, entfernt von Ihr, aus Einsamkeit sang, meinen Geist zu ermuntern! Ihr harmonisches Herz schewll' auf; unwillig über den Einfluß des glücklichen Dichters in ihr jugendlich wallendes Blut, verschlucke Sie dann eine doppelte Dosin Bezoarpulver, und seufze nach meiner Zurückkunft!

Nah an der glänzenden Residenz eines glücklichen Fürsten, nicht fern von der schiffbaren Elbe, verbreiteten sich in dem anmuthigsten Thale zwanzig kleine Wohnungen fröhlicher Landleute. Junge Haselstauden und wohlriechende Birken verbauten dieß Landguth in Schatten, und versüßten dem fleißigen Bauer die entkräftende Arbeit, wenn der Hundsstern wüthete; und, entblättert vom Boreas, flammte dieß nutzbare Gebüsch in wohlthätigen Oefen, wenn der Winter das Thal mit Schnee füllte, und nun ein Nachbar zum andern schlich, um die langen müssigen Stunden durch schlaue Gespräche zu verkürzen, bald auf den

Durchmarsch der Preußen zu schmählen, bald die bessern Besuche eines freigebigen Kobolts zu erheben, oder auch über die Policeibefehle der Regierung zu spotten. So lebten diese Hüttenbewohner ruhig und mit jeder Jahreszeit zufrieden.

Nur der Pastor des Dorfes allein, der gelehrte Sebaldus, hatte seit vier unglücklichen Jahren die ländliche Munterkeit verloren, die sonst auch auf seiner offnen Stirne gezeichnet war. Ein geheimer Kummer peinigte sein Herz. Wenn er die ganze Woche hindurch in der Einsamkeit seiner verrußten Klause getrauert hatte, dann winselte er am Sonntage der schlafenden Gemeinde unleidliche Reden vor, und selbst bei dem theuer bezahlten Leichensermon verließ ihn seine sonst männliche Stimme. Die Klügsten der Gemeinde marterten sich umsonst, die Ursach seines Leidens zu entwickeln: Was fehlt unserm Magister? fragte einer den andern: Wir lieben ihn ja, er ist der Vornehmste im Dorf, und er wird auch nicht etwan, wie dieser und jener — von einem hochmüthigen Junker geplagt, denn der unsere lebt, Gott sei es gedankt, ferne von uns, und verbraust seine Renten in Frankreich. So klagten die Bauern den Kummer ihres Magisters! Aber umsonst blieb ihr mitleidiges Nachforschen; der tiefsinnige Pastor verbarg seine Sorgen der Neugier, und außer Sonntags, wo sein Amt ihm gebot, schien seine Sprache verloren. Vier Jahrgänge finsterer Predigten hatt' er also geendiget: mit zitternden Händen geschrieben und auf einen Haufen gesammlet, lagen in einem verriegelten Schranke, oft von andächtigen Würmern besucht, die alle Buchstaben zerfraßen, und höflicher für die dankbare Nachwelt sorgten, als der betrogene Buchhändler, der so oft mit drolligen Postillen den einfältigen Freigeist belustigt. Aber die komische Muse hüpft ängstlich über den heiligen Staub und über die traurigen Scheduln des Pastors; sie beschäftige sich nur mit seinem Glücke — und erzähle den wunderbaren Traum, der ihm, bewillkommend an der letzten Stufe des Jahres, mit dem Ende seines schwindsüchtigen Kummers schmeichelte:

In der zwölften Stunde der Nacht, damals, als sich das zwei und sechzigste blutige Jahr des achtzehnten Jahrhunderts, von wenigen Minuten loszuarbeiten suchte, um sich an die Reihe so vieler vergangener Jahrtausende zu hängen; so wie der furchtbare Nachtvogel, auf dessen Rücken die

Natur einen Todtenkopf *) gebildet, sich mühsam aus dem Gefängnisse seiner Puppe herauswindet, seine schweren Flügel versucht — und verschwinden würde, wenn nicht ein naturforschender Rösel sein Leben verfolgte — Der pfählt ihn mit einem glühenden Pfriemen gleich nach seiner Geburt und setzt diesen gräulichen Vogel in die bunte Gesellschaft der Schmetterlinge, Heuschrecken und Käfer. Da erschien Amor dem eingeschlummerten Priester, der über das Zudrängen dieses kleinen Unbekannten heftig erschrack, denn bisher hatt' Er ihn nur aus dem großen Rufe seiner Verwüstungen gekannt — wie etwan den Beelzebub oder den General Meyer; doch der freundliche Amor ließ ihn nicht lange in seinem ungewissen Erstaunen, schüttelte seinen Köcher und sprach also zu ihm: Entschuldige den Amor, theurer Sebaldus! wenn er bisher wider deinen Willen dein Feind gewesen ist, und erschrick nicht über seine Erscheinung, die dir ein Glück verkündigt, das dir wenigstens vormals nicht gleichgültig war. Wilhelmine — bei diesem Namen durchströmte ein leuchtendes Roth die verfallnen

*) S. Rösels Insecktenbelustigungen.

Wangen des Pastors — und Amor fuhr lächelnd fort: Ich sehe, du erinnerst dich noch dieser lebhaften Schönen, die einst, in diesen Fluren geboren, nur von der unschuldigen Natur erzogen ward, die dir oft in der feurigen Predigt, durch einen einzigen Blick ihrer hellblauen Augen, ein langes, verhaßtes Stottern — und wenn du allein warest, manchen lauten Seufzer erregte — Ach sie hätte dich gewiß zum Glücklichsten deines Standes erhoben, wenn nicht die Intrigue eines neidischen Hofes sie deinem Kirchspiel entführet, und unter die fürstlichen Zofen versetzt hätte. O wie traurig hast du diese Zeit ihres Hofdienstes hinschleichen lassen! Vergieb es mir, liebster Magister, daß ich hier deiner Unthätigkeit spotte! Hast du denn nie gehört und gelesen, wie oft die entschlossene und geschäftige Liebe Klöster gestürmt, Mauern erstiegen und sich nachgiebige Nonnen unterthan gemacht hat, die zu einem ewigen frommen Müssiggange verdammt waren; und du! du verzagtest, dem Hofe ein Mädchen zu entziehen, das von keiner eisernen Thüre verschlossen, von keiner Aebtissin bewacht, und von dem Klostergelübde weit entfernt ist, eine ewige Jungfrau zu bleiben? Doch ich komme nicht her, dich mit

Vorwürfen zu kränken — Das Ende deiner Leiden ist da! Wie leicht wird dir es werden in Wilhelminens tröstenden Armen, oder an ihrem wallenden Busen der vergangenen traurigen Tage zu vergessen; der Aufschub deines Verlangens — ja — er ward dir schwer zu ertragen. Doch itzt vermehrt er dein Glück! Denn siehe! Mit munterm Gesichte erwartet dich die jüngste feurigste Liebe! Sie würde kraftlos — schläfrig, ja wohl gar erloschen seyn, wenn Wilhelminens Besitz dich schon vor vier Jahren beglückt hätte — Ermuntre dich also und höre meinen liebreichen Rath: morgen wird die reizende Wilhelmine, den graubärtigen Verwalter, ihren Vater, besuchen — von keinem Höfling begleitet, wird sie des Mittags zu ihm fahren. Welch ein bedeutender Wink, den das Schicksal dir giebt! Folge ihm — suche Wilhelminens Gesellschaft und eröffne ihr, so rührend als du vermagst, deine brennende Neigung! Sie — die gleich einem leichten Federballe von Hand in Hand geworfen, in der Höhe des Hofs flatterte — oft mit Schwindel herabfiel und wieder in die Höhe gejagt ward — sie, die itzt mit ernsthaftem Nachdenken der Ruh entgegen seufzt — sie — ich schmeichle dir nicht, wird froh seyn, an deiner ehrwürdigen Hand den Verläumdungen der großen Welt zu entwischen, und ehe diese Neujahrswoche verläuft, kannst du für deine treue Liebe belohnt seyn. So sprach der philosophische Amor, glaubte genug gesagt zu haben, und wollte verschwinden, als ihm noch eine wichtige Erinnerung einfiel — Mit der lächerlichen Miene eines jungen Officiers, der zum erstenmal einen armseligen Posten zu vertheidigen bekömmt, und bei aller seiner Geschäftigkeit bald den kleinen Umstand vergessen hätte, die Parole zu geben — rief Amor: Bald hätt' ich nicht an das Wichtigste gedacht — Wär' es auch ein Wunder? und hab' ich nicht immer meinen Kopf so voll? Merke also noch dieses, lieber Magister! Laß ja nicht die unwiederbringliche Zeit vorbeistreichen, damit nicht die Tage herannahen, wo der galante Hofmarschall seine Ptisanenkur schließt und die Schönheiten wieder aufsucht, die itzt sein durchwässertes Herz medicinisch verachtet — Und morgen sey bedacht, dich reinlich zu waschen! Pudre deine beste Perücke, dein schwarzer Rock soll dir nicht schaden; nur sey so dreist und munter wie ein Kammerjunker; dieser siegt oft auch in der Trauer des Hofs, nicht immer im fröhlichen Jagdkleide. Und nun verschwand Amor — Das Rauschen seiner Flügel erweckte auf einige Augenblicke den Pastor; schwerfällig sammelte er seine Gedanken — rieb sich gähnend die Augen, und seine rohe Stimme erklang durch die Stille der Nacht: Welch ein Traum! Sollte es möglich seyn, daß es wahr wäre — o so wäre kein König glücklicher als der arme Pastor Sebaldus — Doch eitle Hoffnung — die schönsten Träume betrügen! Hab ich vier Jahre bei den eifrigsten Wünschen hinschmachten müssen — warum sollte denn itzt die Liebe einen Elenden aufsuchen, der zu abgehärmt ist, ihren Diensten Ehre zu machen — Doch der morgende Tag wird mir dieses Geheimniß erklären — Mit Geduld will ich seiner erwarten — Schon schlägt es zwei — Ach Wilhelmine! Angenehmer Schlaf — so murmelte der Pastor und schnarchte.

Was könnten wir bessers vornehmen, komische Muse, um nicht selber zu schlafen, als wenn wir in die vergangenen Zeiten blicken, Wilhelminen in ländlicher Unschuld betrachten und erforschen, wie des Magisters Liebe und sein Unglück entstand, dessen Ende ihm Amor in dieser merkwürdigen Nacht verkündigt hat.

Schon der sechzehnte Frühling hatte Wilhelminens Wangen mit einer höhern Röthe gemahlt, ihre Augen funkelnder gemacht, und ihr Haar schwärzer gefärbt. Ihr nesseltuchnes Halstuch hob und senkte sich schon, aber keiner — ists möglich? — keiner von den hartherzigen Bauern gab Achtung darauf. Sie selbst wußte noch nicht über süße Gedanken der Liebe zu erröthen, ihr Herz klopfte in immer ruhigen Pulsen, wenn sie einsam das verdeckte Veilchen aus dem hohen Riethgrase hervorpflückte, ein wahres Bildniß ihres eigenen jungfräulichen Schicksals, oder wenn sie an dem Ufer des rieselnden Bachs sitzend, die bunte Forelle mit geschwinden Augen verfolgte, und indeß den schönern Gegenstand der Natur — ihr wiederscheinendes Gesicht aus der Acht ließ. Spottet nicht ihrer Unschuld, ihr freundlichen Nymphen, die ihr so oft das mächtige Vergnügen eures eignen Anschauens genossen habt. Denn niemand hatte noch bisher Wilhelminen gelehrt, wie reizend sie sei, und niemand, ich sag' es mit Jammer, niemand als ein frommer schüchterner Mann, der Magister, hatte selbst bis hieher den feinen Verstand gehabt, ihre Vorzüge zu bemerken und nur von ihm allein ward sie heimlich geliebet.

Mit welchem zitternden Vergnügen schlich er ihr nicht auf jedem kleinen Spatziergange nach, und hielt sich doch immer in einer ehrerbietigen Entfernung, und mit welcher süßen Betäubung unterschied er nicht ihre liebliche Stimme, wenn das andächtige Geschrei der Gemeinde durch die Sakristey in sein lauschendes Ohr drang! Schon sann die Liebe ernsthaft darauf ihn glücklich zu machen. Aber zwei andere Leidenschaften, fast eben so mächtig als jene, stritten heftig in seiner theologischen Seele, jagten die Liebe heraus und legten den Grund zu dem grausamen Schicksale des Pastors. Der Stolz war es und die Begierde nach einem bequemlichen Leben! Denn wenn ihn auf der einen Seite seines hinfälligen Herzens, die Tochter des vornehmen Kirchenraths mit ihrer Neigung verfolgte, so bestritt es auf der andern die Ausgeberin des Präsidenten. Ihre Wahl war der gewisse Beruf zum Vorsteher der Kirche. Als Superintendent konnt' er alsdann eines langen ruhigen Lebens genießen, von den Truthähnen seiner freigebigen Diöces und den Komplimenten gemeiner Pfarrherren gemästet. So wird oft ein Knabe geängstet, wenn ihm sein lachender Vater ein Stück kräftiges Brot und eine einzelne wohlriechende Erdbeere vorlegt. Was soll er wählen? Sein Gaum verwirft, was sein hungriger Magen verlangt, doch seine Minuten lange Näscherey verachtet das Elend des ganzen Tages — Kurz entschlossen verschluckt er die Erdbeere und übertäubt das Murren seines Magens durch erzwungene Gesänge. Eben so gewiß würde auch endlich der verliebte Magister seine kleine Wilhelmine gewählt haben, wenn nicht das feindliche Ungefähr und der hämische Neid den Unentschlossenen überrascht und vier lange Jahre seine Liebe getäuscht hätten.

Ein Spürhund der Liebe, ein leichtfertiger Page, der einst in seinem Müssiggange diese ländliche Venus erblickte, prahlte so laut mit seiner Entdeckung, daß sein verliebtes Geschwätz durch funfzig Thüren in die Ohren des aufmerksamen Hofmarschalls erklang, der sogleich den sultanischen Entschluß faßte, mit den Reizungen der holden Wilhelmine den Hofstaat zu verschönern und sie dem unsaubern Dorfe und der List eines Pagen zu entziehen. Wenn die weibliche Aelster in der Mitte des Weinbergs eine volle Traube entdeckt, die von hundert Blättern beschützt die letzte Zeit ihrer Reife erlangt hat: so erweckt oft dieß prophetische Geschrey bei dem reisenden Handwerksmann ein durstiges Nachdenken — Er ersteigt den Weinberg und entzieht dem Stocke und der verjagten Schwätzerin die vortrefflichsten Beeren.

Der entschlossene Hofmarschall fuhr, von der Kabale, seiner beständigen Schutzgöttin, begleitet, in hoher Person zu Niklas dem Verwalter, übersah mit geschwind forschenden Blicken die Schönheit des verschämten Landmädchens, und es währte nicht lange, so hatte er seine großmüthige Absicht eröffnet. „Ich will," sagte er freundlich zu dem Alten, „eure schöne Töchter in den glänzenden Posten einer fürstlichen Kammerjungfer erheben: dieß ist die Ursache meines Besuchs."

Betäubt von den höflichen Reden des vornehmen Herrn stand der alte Verwalter vor ihm, strich ungeschickt mit dem Fuß aus und fühlte ängstlich seine Verwirrung. Der feine Hofmarschall ließ ihm Zeit, Athem zu holen und versuchte indeß mit Wilhelminen zu sprechen: aber die Schöne verstummte, blinzte mit den Augen, und ihr Blödsinn zeigte ihm eine so weiße Reihe von Zähnen, die ihm noch nie die vornehme Sucht zu gefallen, in dem langen Laufe seines Lebens verrieth. Die Verlegenheit der Tochter weckte zuletzt den Alten aus seiner Betäubung. Er nahm stotternd das Wort und als Vater gebot er der Schönen, sie sollte, weil einmal ihr gutes Glück es verlangte, zur Reise nach Hofe sich geschickt machen; und über den gütigen Herrn schüttete seine schwere Zunge tausend unvollendete Wünsche und abgebrochene Danksagungen aus, und beredtere Thränen strömten von seinen bleichen Wangen herunter. Damals waren noch zwanzig Minuten genug, die Schöne in ihrem besten Putze zu kleiden; alsdann hob sie der vergoldete Herr in seinen glänzenden Wagen, setzte sich neben ihr und ließ die seidenen Vorhänge herunter. Darauf jagten sechs wiehernde Hengste durch die Reihen unzählicher Bauern, denen das starre Erstaunen die weiten Mäuler geöffnet. Und seit dieser trüben Stunde ward das welkende Herz des Pastors von keinem Strahle der Freude erwärmt, und nur in der letzten Nacht des kritischen Jahres erblickt' Er zum erstenmal wieder die tröstende Hoffnung.

Zweiter Gesang.

Die neue Sonne rollte den jungen Tag des Jahres herauf. Ihr ungewohnter Blick übersah schüchtern die Planeten, die sie bescheinen sollte, und nun wandte sie auch ihr unschuldiges Gesicht zu unserer Erdkugel. Ein Heer vorausbezahlter Gratulanten jauchzt' ihr entgegen, andre — unglücklicher, zerrissen das Neujahrsgedicht, seit dem frostigen September geschmiedet; denn ihr alter Mäcen ist den heiligen Abend vorher gestorben, und hinterläßt geizige Erben, die den Apoll sammt den Musen verachten und ungeheißene Arbeiten niemals großmüthig belohnen. Verjährte Rechte, drohende Wechselbriefe, erfüllte Hoffnungen und erseufzte Majorennitäten drängten sich auf den Strahlen des neuen Lichts in das beunruhigte Herz der erwachten Sterblichen. Aber friedliebend und sanft wirkt sie, die mächtige Sonne, auf die Felsenherzen der Großen und in die morschen Gebeine der Helden, die itzt, voller Neigung zur Ruhe, sich beschwerlich von ihren Lagern erheben, um ihre Wunden verbinden und die Merkmale ihrer Tapferkeit vernähen zu lassen. Stolz auf ihr Elend behängen sie den krüpplichen Körper mit den bunten Zeichen des gnädigen Spottes der Fürsten, mit dem theuern Spielwerke von Kreuzen und Bändern; und die Empfindung ihres Heldenlebens wüthet in jeglicher Nerve. Betäubt von den murrenden Wünschen der Thorheit und von den lauten Seufzern des Unglücks, stand die Sonne in wehmüthiger Schönheit am Himmel, fürchtete sich, länger herab zu schauen, und versteckte sich oft hinter ein trübes Gewölke. So steht ein blühendes unschuldiges Mädchen, zu arm ihr junges Leben zu erhalten, vor der versammelten Schule der Mahler, und verräth die geheimsten Schönheiten der Natur, für einen geringen unbilligen Preis, der Betrachtung der Kunst. In schamhafter Einfalt versteckt sie ihre mächtigen Augen hinter eine ihrer jungfräulichen Hände, indem sie mit der andern das letztere neidische Gewand von sich legt, das ihre Reize verbarg, und nun — ängstlich erwartet sie nun den Verlauf der verkauften

Stunde. Die geschicktesten Jünglinge zittern bei dem Anblicke der unverhüllten schönen Natur, und ihre sonst gewisse Hand zeichnet Fehler auf das gespannte Papier. Der minderjährige Knabe allein übertrifft hier seinen Meister; denn in seinem kleinen noch fühllosen Herzen liegen jene sympathetischen Triebe unentwickelt, und seine Hand lernt' eher der Kunst, als jenes der Liebe gehorchen. Und der voll Hoffnung erwachte Pfarrherr ging in der Frühe zu Nicklas, dem Verwalter, wünschte ihm ein fröhliches neues Jahr und ließ sich wieder eins wünschen; dann erzählte er ihm seinen nächtlichen Traum bündig und kurz — denn die gebietenden Glocken hatten schon zum drittenmale geläutet, und die geputzte Gemeinde sah sehnlich ihrem Herrn Pastor mit seinem Neujahrswunsche entgegen. Ach wie fröhlich klopfte nicht Nicklas dem Herrn Magister die Achsel, und zweifelte gar nicht an der Erfüllung des Traums. Hurtig bestellt' er die Küche, damit sie, zur Ehre eines so lieben Besuchs, viele schmackhafte Gerichte den Mittag zu liefern vermöchte. Er bat auch den werthesten Träumer zur Tafel, und ging an seiner rechten Seite mit ihm vertraulich zur Kirche. Der künftige Herr Schwiegersohn hielt eine erbauliche Predigt, bis unter Singen und Beten die Mittagssonne hervortrat. Schon eilte die buntschäckige Gemeinde mit gesättigter Seele und hungrigem Magen nach Hause, als der erwartete Wagen zur Höhe des Dorfs hereinschimmerte. Mit weiten Schritten und fliegendem Mantel eilte der hagere Magister den sechs Schimmeln vorzukommen, um seine Schöne aus dem Wagen zu heben. Keichend schmäht er auf sich, daß er so lange gepredigt, aber dennoch überholt' er die rollende Kutsche, und empfing die holde Wilhelmine an der Thüre ihrer vormaligen Wohnung. Von dem Zuruf ihrer herzugelaufenen Bekannten begrüßt, reichte sie, nicht mehr als eine Nymphe des Dorfs, ihrem unerkannten Liebhaber die Hand mit kostbaren Ringen geziert, und sagte höflich zu ihm: Wie geht es, werther Herr Pastor? Darauf umarmte sie ihren alten weinenden Vater, der vor der Hofstimme der Tochter erschrack, und nicht wußte, ob er mit seiner bäurischen Sprache ihre Ohren beleidigen dürfte. Noch scheuer und in einem unaufhörlichen Bücklinge stand ihr Liebhaber vor ihr, und hustete immer und sprach — nichts. Lange getraute er sich auch nicht, sie anzublicken; denn ihr hüpfender Busen, von keinem ländlichen Halstuche bedeckt, war ein zu ungewöhnlicher Anblick für ihn, und setzte seine Nerven in ein fieberhaftes Erzittern. Mit zufriednem Mitleiden beobachtete Wilhelmine den Einfluß ihrer Person, und riß endlich Vater und Liebhaber aus ihrer Betäubung. Ihre harmonische Stimme bildete manche vertraute Erzählung, bald von den Freuden des Hofs, von englischen Tänzen und überirdischen Opern und von den unnützen Verfolgungen ihrer lächerlichen Amanten; bald aber auch bejammerte sie mit nachdenkender Stimme den steten Wechsel des Hofs und den Ekel, der, ein unermüdeter Verfolger aller rauschenden Ergötzungen, hinterlistig dem taumelnden Höflinge nachschleicht — und da wünschte sie sich — welch ein Vergnügen für den horchenden Priester — einst wieder mit Ehren zur glücklichen Stille des Landes zurück. Unter diesen anmuthigen Gesprächen, wovon meine Muse nicht die Hälfte verräth, setzte sich diese liebe Gesellschaft vertraulich und ohne Gebet zu Tische. Erschrocken dachte zwar der Magister daran, doch durft' er es jetzo nicht wagen, sich wider die Gewohnheiten des Hofs zu empören. Um das Mittagsmahl zu verherrlichen, hatte die schöne Tochter des Hauses vier Flaschen köstlichen Weins mitgebracht — Sie öffnete eine davon, und schenkte mit wohlthätigen Händen ihrem Liebhaber und Vater schäumende Gläser ein. Lange besah der Magister das unbekannte Getränke, kostete es mit der Miene des Kenners und ließ doch sein Feuer verrauschen! Endlich fragt er pedantisch — Liebe Mamsell, für was kann ich das eigentlich trinken? Lächelnd antwortete sie: Es ist von unserm Burgunder. Nach ihm setzte man auch eine langhälsichte Flasche des stillscheinenden bleichen Champagners auf die Tafel. Schon ganz freundlich durch den Burgunder, reichte sie der Magister den befehlenden Händen der Schönen: aber er wäre bald vor Schrecken versunken, als der betrügerische Wein den Stöpsel an die Wand schmiß, und wie der vogelfreie Spion, der sich einsam und sicher in dem Walde geglaubt hat, durch den Mörser eines feindlichen Hinterhalts aus seiner Ruhe geschreckt wird — so betäubte der schreckliche Knall die Ohren des zitternden Pastors. Erst auf langes Zureden und hundert Betheurungen der Schönen, trank er den tückischen Wein und empfand bald dessen feurige Wirkung; denn nun öffnete der laute Scherz und der wiederkehrende Witz seine geistigen Lippen —

Antithesen und Wortspiele jagten einander, und da gewann er auf einmal den ganzen Beifall der artigen Wilhelmine, wie ihm sein wahrhafter Traum vorher verkündigt hatte. Itzt erschrack er nicht mehr vor dem erhabenen Busen, den er selbst belebender fand, als den brausenden Champagner — Dreimal hatte er mit lüsternen Augen hingeschielt, da ward er so dreist und wagte es, von dem alten Verwalter unterstützt, das Herz der englischen Kammerjungfer zu bestürmen. So viel Waffen der Liebe als nur seine unerfahrne Hand regieren konnte; so viel zärtliche Blicke, so ein gefälliges Lächeln, als ihm nur zu Gebote stehen wollte, verwendete er auf die Hoffnung einer geschwinden Eroberung. Welch eine Verschwendung von süßen rührenden Worten! Erstaunt sah Wilhelmine ihren dringenden Feind an, und dreimal wankte sie — aber ein geheimer Stolz und die Rücksicht auf den prächtigen Hof erhielt sie noch, bis ihr endlich Vater und Liebhaber, immer einander unterbrechend, das Wunder des Traums entdeckten — denn da erkannte sie selbst in allem die sichtbaren Wege des Himmels und ihren Beruf, und durch die Beredsamkeit des Pastors bekehrt, entfernte sie allen Zwang des

Hofs von ihren offenherzigen Lippen: „Wohlan!“ sagte sie, nachdem sie in einer kleinen freundlichen Pause die Beschwerden und die Vortheile des Hymen gegen einander gehalten, und noch die reife Ueberlegung auf ihrer hohen Stirne saß — „Wohlan! ich unterwerfe mich den Befehlen meines Schicksals; ja, ich will selbst mit Vergnügen das unruhige Leben des Hofs mit den stillen Freuden meines Geburtsorts vertauschen, und da Sie mich einmal lieben, Herr Pastor, so würd' es unzeitig seyn, spröde zu thun — ich sehe die Ungeduld Ihrer Neigung auf Ihrem Gesichte! Kommen Sie her, mein Geliebter, und —“ welch ein Triumph für einen Unerfahrnen, der nie den Ovid und das System einer versuchten klugen Lenclos gelesen — „küssen Sie mich, und nehmen Sie zum Zeichen unserer Versprechung diesen Ring an!“ Und mit unaussprechlichem Vergnügen kam der schwerfällige Liebhaber gestolpert — küßte sie dreimal, und macht' es zur Probe recht artig. Sie steckt' ihm einen Demant, in Form eines flammenden Herzens, an das kleinste Glied seines Fingers, und Er — welcher Tausch! hätt' ihn nicht die duldende Liebe gerechtfertigt — überreichte Ihr einen ziegelfarbnen Carniol, worein ein Anker gegraben war. Nun brachte jede Minute neuen Zuwachs von Liebe und Vertrauen in ihre verbundene Gesellschaft, und frohe Gespräche von ihrer baldigen Hochzeit beschäftigten ihre unermüdeten Lippen — Da sagte Wilhelmine diese merkwürdigen Worte: „Morgen, wenn die Göttin der Kabale auf den feuchten balsamischen Wolken des dampfenden Thees, nachdenkend an den kostbaren Plafonds herumzieht und ihre Anbeter ermuntert, und wenn die eigensinnige Göttin der Mode ihren Liebling, den Schneider, zu wichtigen Konferenzen der Staatsräthe geleitet, oder damit Sie mich deutlich verstehen: Morgen, wenn es früh Zehne geschlagen, so rüsten Sie Sich, mein Geliebter, und machen Sie Ihre schuldige Aufwartung bei unserm Hofmarschall; bitten Sie ihn in demüthiger Stellung um die Erlaubniß zu meiner baldigen Heirath! Ich selbst will ihn noch heute zu diesem Ihrem Besuche bereiten, und so werden Sie dann Morgen gar keine Schwierigkeit finden. Er ist der beste Herr von der Welt; und wenn meine Bitten, wie ich aus guten Gründen mir schmeichle, etwas bei ihm vermögen, so geben Sie Acht! — so soll er selbst bei unserer Hochzeit erscheinen, und durch seine ehrende Gegenwart unser Fest glänzender machen: Itzt aber theilen Sie, ohne Komplimente, den Platz in meinem zweisitzigen Wagen, damit Ihnen der Weg nach einem fürstlichen Hause nicht eben so sauer ankommen möge, als der benebelte Steinweg zu Ihrem Filiale!“ Zärtlich und süß versprach der gehorsamste Liebhaber ihr in allem zu folgen, und an der Hand seiner Geliebten verließ er jetzt sein trauriges Kirchspiel.

Noch halb berauscht von dem Besuche seiner Tochter und dem seltenen Weine, den er bei vollen Gläsern getrunken, ging nun der alte Verwalter aus, sein häusliches Glück den Gevattern und der Versammlung der Schenke zu verkündigen. Wie schien sich doch alles zur Feier dieses seines glücklichen Tages zu verbinden! Er hörte schon von weitem den Schall einer muthigen Fiedel. In der Freude seines Herzens vergaß er sein Alter und tanzte mit Jauchzen der harmonischen Schenke entgegen. Ein ungewöhnlicher Schimmer umleuchtete heute ihre rostigen Wände — denn das Schicksal vergönnte diesen Abend den fröhlichen Bauern ein seltenes Vergnügen. Die Schauspielkunst war vor kurzem mit allem dem Pomp ihrer ersten Erfindung eingezogen. Welch ein frohes Getümmel! Welch eine Lust! Ein vielstimmiger Mann schwebte wie Jupiter unsichtbar über einer lärmenden thörichten Welt, lenkte mit seiner Rechten ganze tragische Jahrhunderte und regierte mit gegenwärtigem Geiste die schrecklichsten Begebenheiten und Veränderungen der Dinge, über welche die weisesten Menschen erstaunen. Itzt sah man hochmüthige Städte, wie sich sich über Dörfer erheben — und augenblicklich darauf eingeäschert oder in einem Erdbeben versunken; Rom und Carthago, Troja und Lissabon wurden zerstört, und der Hellespont schlug über ihre stolzen Thürme seine Wellen zusammen. Was hilft es euch, ihr Tyrannen, daß ihr über Länder geherrscht, arme Bauern gedrückt, und Nationen elend gemacht habt? denkt ihr wohl der Strafe des Zeus zu entfliehen! Ja, da sieht mans — Hier liegt nun der grausame Nero in seinem Blute und wird von seinen eigenen Grenadieren zertreten! Bald wird es auch an dich kommen, du übermüthiger Mann! Heliogabalus! Pompejus! oder wie du sonst heißen magst — Seht nur, wie stolz er einhergeht und alle Leute verachtet, aber Jupiter winkt — und nun wird er unter Donner und Blitzen von den Saracenen ermordet. Doch wer kann sie alle zählen — die Wüthriche, die hier fallen; und wo wollt' ich Worte hernehmen, die blutigen Scenen zu beschreiben, die die gerührten Zuschauer mit lautem Lachen beehren? Itzt sah man auch das bedrängte Friedrichshall von Karl dem Zwölften belagert! Schon war die Pistole gespannt, die diesem schrecklichen Helden das Leben endigen sollte — und schon wurden die Laufgräben geöffnet und alles war voller Erwartung, als — der alte Verwalter herein trat. Bei seiner längst gewünschten Ankunft verstummte die Fiedel — Die große Versammlung der Zuschauer hob sich von ihrem Sitze — schmiß eine allgemeine Bank um und grüßte freundlich den Alten — eine Ehre, die vor ihm noch kein Sterblicher genoß — als nur der ehrwürdige Kato — und die vielleicht nach ihm keiner wieder genießen wird! Dieser Zufall schob die Belagerung auf — eine glückliche Pause für Karln! und selbst der Regierer der Welt stieg itzt in seinen Cothurnen von dem hohen Sitze des Olymps herunter, und ein ernsthaftes Stillschweigen der ganzen Natur foderte den Alten auf, seine glückliche Geschichte zu erzählen. Er that es mit vertraulicher Beredsamkeit, und man hörte ihm zu mit sichtbarem Erstaunen und stämmte die Hände in die Seiten und schüttelte mit bedenklichen Mienen die Köpfe.

Indessen waren die beiden Verliebten nach drey kurzen hinweg geplauderten Stunden in den Mauern der Residenz. Der ehrwürdige Fremde begab sich unter den Schutz des wirthbaren Hirsches, und Braut und Bräutigam trennten sich hier bis auf ein glückliches Wiedersehn, mit höchst zärtlichen Küssen. Welche triumphirende Freude durchströmte nicht itzt das Herz des verliebten Magisters, als er sich, seinen Betrachtungen überlassen, in dem weiten Zimmer des Gasthofs allein sah! — Eine ganz andre Empfindung seines Glücks, als er selbst an dem vergnügten Tage seines überstandenen Examens nicht gefühlt hatte! Denn damals machte der Präsident seinem stotternden Geschwätze, durch ein ungehofftes Bene, ein freudiges Ende, und die gelehrten Herren Beisitzer widersprachen ihm nicht. Sollten sie etwan durch lange Untersuchungen sich um die kurzen Lustbarkeiten der Messe und den schwitzenden Kandidaten ums Amt bringen? O nein! Aus Menschenliebe hofften sie, er würde es schon löblich verwalten, und sie überließen die Seelen der Bauern seiner Treue und Gottes Barmherzigkeit. Mit mehrerm Recht freute er sich itzt, und schmeichelhaft fragt' er sich: Ist es nicht dein eignes Verdienst, das sprödeste Mädchen in einem Nachmittage besiegt zu haben? Wie wohl that ich, daß ich meinem prophetischen Traume folgte, mich so dreist und munter bezeigte, wie die vornehme Welt es verlangt. Welch eine Liebe für mich muß nicht in der Brust meiner Wilhelmine erwacht seyn, da sie sich so eilig entschließt, den prächtigen Hof zu verlassen, um einem armen Dorfprediger zu folgen, dessen altfränkische Wohnung wer weiß wie manche Reformation überlebt hat.

Schon tönte der Wächter seinen letzten Nachtgesang in einem tiefen verunglückten Baß — hüllte sich in seinen Schafpelz und beurlaubte sich von der Stadt. In gehöriger Entfernung schlichen die Spötter seiner Aufsicht, die glücklichen Diebe, ihm nach, weckten den Thorschreiber auf, und erreichten bald das sichere Gehölze: und am Horizont fing schon der Tag an zu grauen, eh' unser Verliebter einschlafen konnte. Wie war es auch möglich? Auf allen Seiten verfolgten ihn Unruh und Schrecken. Gleich höllischen Gespenstern rasselt' unter ihm mit Ketten der böhmische Fuhrmann: doch Gedanken der Liebe machten noch einen größern Tumult in seinem zerrütteten Herzen. Aus Mattigkeit fiel er endlich in die Arme des Schlafs — Doch auch der Schlaf eines Verliebten ist Unruh — Denn sobald er das Bellen der Hunde und das Rasen des Windes nicht mehr deutlich vernahm, so bemächtigten ängstliche Ahndungen sich seines Gefühls. Bald träumt' er — seine berauschte Seele erhöhe sich über die Sonne und begrüße unbekannte Gefilde — Dann glaubte er wieder in einen bodenlosen Abgrund zu stürzen, schrie — sträubte sich — stieß sich an den unruhigen Kopf, und erwachte in einem plötzlichen Schrecken. So steigt ein lustiger Schwärmer durch die dunkle Nacht in einem Wirbel empor — wirft freundliche Sternchen von sich, und brauset unter Wolken; bald darauf sinkt er — nun sinkt er — endet sein kurzes Geräusch, und zerplatzt mit einem lächerlichen Knall.

Dritter Gesang.

In einer prächtigen Wintertracht war heute die Sonne dem Erdball erschienen; ihr Einfluß hatte die lebenden Geschöpfe der Welt schon alle aus dem Schlafe geweckt, wenn ich in Savoyen die Murmelthiere, und in Deutschland die Mädchen ausnehme, welche die Mode erzieht; so gar die berühmten Schläfer der Residenz, alle Hofjunker und Staatsräthe waren erwacht, hatten nun ausgegähnt und fingen an ihren erhabenen Trieb nach Geschäften zu fühlen; denn einige verschluckten schon levantischen Koffee und blätterten im Herrn und Diener *), oder bezeichneten, um nach vollbrachtem Tage wieder zu lesen, dankbar die rührende Stelle, bei der ihnen den Abend vorher — die Gedanken in Schlaf übergingen. Mit edlem Eifer übten sich andere im Stillen die Zahlen der Würfel zu lenken, oder durch geschwinde

*) Eine bekannte Schrift des Herrn von Moser.

Wolten (ein mystisches Wort) sich über allen Wechsel des Glücks zu erheben. Die von flüchtigerm Geblüte flatterten schon über das Pflaster, um die blassen Fräulein an der Toilette zu besuchen, und ihnen durch mächtige Scherze rothe Wangen zu schaffen. Aber noch immer schnarchte der müde Magister; ja! er würde gewiß den Endzweck seiner Reise, den so wichtigen Besuch bei dem Hofmarschall, verschlafen haben, hätte ihn nicht die kauische Stimme eines bärtigen Juden erschreckt, der dreymal schon vergebens an die Stubenthüre klopfte.

Haben Sie etwas zu schachern? schrie der Ebräer gewaltig hinein, daß die Fenster erklangen, und der betäubte Magister in die Höhe fuhr. Der Ungläubige floh — erschrocken sah der schläfrige Christ nach seiner tombacknen Uhr, erstaunte, daß es so spät war, und warf sich schleunig in seinen bepuderten Schwarzrock. Halb träumend lief er über die Gassen, und ohne Vorbereitung den Komplimenten des Hofmarschalls entgegen. Aber welche Muse beschreibt mir den Einzug des frommen Pedanten, in das vergoldete Zimmer des glänzenden Weltmanns? In einem Schlafrock von Stoffe empfing er den Pastor mit offener

Stirne und satyrischer Miene, die sein schlauer Diener verstand, der hinter dem Rücken des armen Magisters die galante Falschheit widerlächelnd bewunderte. Mit Husten und Scharrfüßen suchte der Supplikant den Eingang zur Rede; aber als Ceremonienmeister trat der bellende Melampus ihm entgegen — nöthigte ihn stille zu stehen, und zerstreuete die hervorquellenden Worte, daß sie ungehört vom Hofmarschall sich an den Spiegeln zerstießen, und ihr Wiederhall den bebenden Pfarrherrn in Angst und Schrecken versetzte. Endlich legte des Hofmanns mächtige Stimme dem ergrimmten Cerberus Stillschweigen auf — Gehorsam kroch er zu den Füßen seines Herrn, und leckte schmeichelnd den saffianen Pantoffel. Darauf wandte sich die Rede zu dem immer sich bückenden Verliebten: „Ich weiß schon Ihr Anbringen, lieber Herr Pastor, ist es nicht wahr? Sie wollen uns unsere Wilhelmine entziehen? das schönste und ehrlichste Mädchen in diesem ganzen Gebiete! Habe ich es nicht errathen, Herr Pastor? Schon gestern hat sie mir selbst Ihre Lieb' eröffnet, und mit verschämtem Gesichte um den glücklichen Abschied gebeten. Wohlan! Ich werde kein Hinderniß ihrer Neigung und bescheidenen

Bitte in den Weg legen, wenn Sie mir anders eine kleine Bedingung versprechen — werden Sie nicht unruhig, Herr Pastor! Es hat mich unsre Wilhelmine gebeten, morgen selbst bei Ihrer Hochzeit zu erscheinen — Mit Vergnügen will ich auch kommen, und will selbst eine Gesellschaft versammeln, die Ihren Ehrentag glänzender machen wird, als eine Kirchmeß — eine Gesellschaft, die meinem Stande gemäß ist — wenn Sie — denn dieß sey die Bedingung — wenn Sie die Tochter des alten Grafen von Nimmer vermögen, dieses Fest zu beleben. Er — der Ihr Nachbar ist, und oft vor Ihrer Kanzel erscheinet, wird sich nicht weigern, seine holde Klarisse auf die Hochzeit eines erbaulichen Predigers fahren zu lassen — Der Komtesse aber sagen Sie heimlich: Ich würde dabey seyn. Auf meinen Befehl, der über die fürstliche Küche gebietet, sollen alsdann hundert fette Gerichte Ihre hochzeitliche Tafel schmücken, und Madera — Rheinwein — Champagner und ächte Heremitage sollen in solchem Ueberfluß fließen, wie an dem Hofe eines geistlichen Fürsten.“

Wie vergnügt hörte nicht der Verliebte diese freundlichen Reden — Gern und ohne Anstand versprach er, diesen leichten Befehlen zu folgen, um sich der hohen Ehre und Gnade würdig zu machen. Darauf nahm er Abschied und schnappte nach dem Zipfel des Schlafrocks: aber mit höflichen geübten Händen schlug der Hofmarschall beide Theile zurück, strich mit dem Fuße aus, und empfahl sich dem Pastor Sebaldus. Bald nach ihm trat Wilhelmine herein, und brachte ihrem gnädigen Gönner Chokolade mit perlendem Schaume; da gab ihr der Marschall das Dokument ihrer Tugend, den ehrlichsten Abschied, sauber auf Pergament geschrieben, und siehe da! welche großmüthige Gnade! Er umarmte sie mit gefälligen Händen, und küßte sie zärtlich. Eine ganz sapphische Empfindung strömte durch ihr dankbares Herz, und trieb ihren wallenden Busen empor, daß der blaßrothe Atlas zu knistern anfing, der ihn weit unter der Hälfte umspannte. Ach welch ein reizender Busen! o scherzhafte Muse beschreib ihn! Auf seiner linken Erhöhung lag ein mondförmiges Schönfleckchen angeheftet durch Gummi, von dem ein kleiner Liebesgott immer mit drollichten Reverenzen die Blicke der Grafen und Läufer — Laqueyen und Freyherren auf sich zog. Aber itzt erhob sich dreymal die warme bebende Brust, und trennte die gedörrte Musche von Gummi. Der kleine Liebesgott — mit sammt seinem Gerüste, fiel — zwischen der Schnürbrust — unaufhaltsam hinunter, daß die Schöne schrie, und der ernsthafte Hofmarschall wirklich zu lachen anfing. So fällt ein prahlender Zahnarzt unter die morschen Trümmer seines Theaters, indem er mit stampfender Beredsamkeit dem Pöbel winkt, sein Rattenpulver zu kaufen. Sein erbärmlich Geschrey, und das laute Lachen des Volks betäuben den Jahrmarkt, wenn ihn nun aus dem theuern Schutte sein buntschäckichter Diener hervorzieht.

Mit einer bedeutenden Röthe rauschte bald die schöne Verlobte in die Versammlung der übrigen Zofen des Hofs, die schon ihre glühenden Wangen beneiden, aber Wilhelmine vollendet ihrer aller Verzweiflung, als sie ihnen den papiernen Triumph zeigt, den sie itzt vom Hofmarschall erhalten. Aeußerlich klagen sie zwar ihre verkaufte Gespielin: „Ach du armes verblendetes Mädchen! So willst du denn fern von deinem verbrämten Amanten, in der Einöde des Landes dein junges Leben verseufzen — und nur von Bauern bewundert, den stolzen Busen erheben?

So willst du denn in einer dunkeln geistlichen Hütte als Frau Magisterin wirthschaften? Ach du armes verblendetes Mädchen!"

So klagten alle die Zofen den Abschied der erweichten Wilhelmine, aber heimlich wünschte sich jede, bald auch so beweinet zu werden, und in den sichern Armen des weiblichen Schutzgottes, des Hymen, den Wechsel des falschen Hofes zu verlachen.

Vierter Gesang.

Auf den Uhren war schon der Mittag vorüber, aber in den Häusern der Großen brach er erst mit festlichem Pomp aus der Küche hervor — Hekatomben rauchten ihm — denn die mittägliche Sonne hat noch nicht ihre Anbeter verloren — Mit mehrerm Eifer als wohl jemals ein ägyptischer Priester gehabt, feyern sie täglich ihr Fest, mit sonnenrothen Gesichtern, bis das wohlthätige Licht den Kreis verläßt, und nun die stille Venus vom nächtlichen Himmel herabblinkt. Da erhub der gesättigte Pfarrherr seine gestiefelten Beine, und trat mit zerstreuten Gedanken seinen bestimmten zwey Meilen langen Weg an. Die alles vermögende Liebe hatt' itzt den gelehrten Magister zu einem gemeinen Botenläufer erniedrigt, und er mußte, welche sonderbare Bedingung — als sein eigner Hochzeitbitter, noch ein zweytes Jawort erbetteln, ehe sie ihn glücklich zu machen versprach. Der hochbeschneyte Weg ermüdete sein Knie, und die duftende Kälte kandirte seinen schwarzen Bart, und bracht' ihm Zahnweh. Aber noch ein größeres Uebel, als Zahnweh und Müdigkeit, lauerte in dem nahen Walde auf ihn. Welcher boshafte Genius war es, der in Gestalt eines Holzhackers dem Priester entgegen kam? Ein unschuldiges unbekümmertes Gesicht, die Larve der Heucheley, betrogen den heiligen Wanderer. „Guter Freund," redete er ihn vertraulich an, „sagt mir doch, ist dieses die rechte Straße nach Rennsdorf, dem Rittersitze des alten Grafen von Nimmer?" Ehrerbietig nahm itzt der Boshafte vor dem Pastor den Huth ab und sagte: „Wer Sie auch sind — ehrwürdiger lieber Herr, so beklage ich Sie doch herzlich; denn dieser falsche Holzweg, auf welchem Sie wandeln, wird Sie weit von Rennsdorf ablocken; und wenn endlich sich die Schrecknisse der Nacht über diese Heide verbreiten, so müssen Sie Ihren ermüdeten Körper einer abgelegenen Schenke — einer Spitzbubenherberge vertrauen." Da schlug der erschrockene Magister seine haarichten Fäuste zusammen. Lieber würd' er auf einem Ameisenhaufen geschlafen, oder wie ein Zigeuner, den

Anbruch seines Hochzeitfestes in einer hohlen Weide erwartet haben, als daß er einer Schenke das Vorrecht gegönnt hätte, seine geweiheten Glieder zu bedecken. „O mein Freund," rief er, „den mir noch zu rechter Zeit ein guter Engel entgegen schickt, ach entfernt mich doch eilig von diesem Fußsteige, der meine Gebeine umsonst ermüdet, und zeigt mir den richtigen Weg, und nehmt im voraus für eure Bemühung ein dankbares Trinkgeld an." Hier zog er — gleich einer alchymistischen Phiole, einen langen Beutel heraus, der in der Farbe der Hoffnung künstlich gestrickt war. Ein billiger Zwischenraum scheidete dreyßig Ephraimiten von einer güldenen Madonna. Ihres innern Werthes gewiß, erwartete sie ruhig ihr verzögerndes Schicksal, da sich indeß der jüdische Haufe mit Geräusch bis an die Mündung des Beutels drängte, um bald erlöset zu werden, und in einem ungewissen Kurse betrügerisch zu wuchern. Doch — indem noch der Pastor die großmüthige Belohnung und das Verdienst eines Wegweisers berechnet, so verschwindet Baarschaft — Tagelöhner und Beutel, und der Gott der Kaufleute und Diebe verbirgt den Raub und den hurtigen Räuber in den Finsternissen des Waldes. Nun erfüllte eine lange unharmonische Klage des armen Magisters die Lüfte: „O du treuloser Verräther, so schrie er, wenn du auch — der du einen Priester beraubet, dem Dreyangel des Galgens, der Kühhaut und den glühenden Zangen entfliehst — so wird dich doch dein böses Gewissen und mein Fluch verfolgen, daß, wenn das eiskalte Fieber deine Glieder zerrüttet, dir keine bittere Essenz und kein Kirchengebet helfen soll, wenn du es auch mit einem Gulden bezahltest. Ohne Ernst und Andacht und in dem gleichgültigen Tone gesprochen, in dem wir oft für den Römischen Kaiser und alle weltliche Obrigkeiten beten, wird es in der Atmosphäre der Kanzel zerflattern." — So schrie er und erholte sich langsam unter einer überhangenden Eiche. Ungewiß durch die Lügen des Räubers, ob dieß der rechte Weg sey, überließ er sich mit nagender Furcht seinem Verhängniß: doch die tröstende Liebe leitete seine zweifelhaften Füße durch die finstere Nacht glücklich in das labyrinthische Schloß des Grafen. Der zeitige Schlaf, und ein süßer Traum von einem Kapaune mit Austern, beherrschte schon den alten Gerichtsherrn, und es schliefen auch schon seine alten Bedienten, ob es gleich erst Neune geschlagen. Des ankommenden Fremdlings ehrwürdige Krause flößte dem Wächter des Hofs die schuldige Achtung ein, daß er ihn, nachdem er sein Verlangen erforscht, bis an die Stube der jungen Gräfin begleitete. Mit ihrer vertrauten Zofe, Sibylle genannt, saß die muntere Komtesse, den einen ihrer niedlichen Arme auf ihre verschobene Toilette gelehnt, und hielt in der andern einen vergoldeten zärtlichen Brief, den sie erst itzt an den Hofmarschall, ihren Geliebten, geschrieben. Sie las ihn mit gedämpfter Stimme ihrer kritischen Freundin vor, die aufmerksam zuzuhören schien, und unmerklich nur gähnte. Aber wer kann das Schrecken beschreiben, das diese zwey weibliche Seelen ergriff, als der gekrümmte Zeigefinger des verspäteten Pastors an die Stubenthüre donnerte. Sie glaubten gewiß, ein prophetischer Verdacht habe die zänkische Gouvernantin erweckt, die wie ein Polizeyverwalter alles Unrecht entdeckte, und dem alten Grafen verrieth. Mit angenommener Freymüthigkeit gebot die betroffene Komtesse ihrer Zofe, die verschlossene Kammerthüre hurtig zu öffnen: doch ihr furchtsamer Wink widersprach ihrem Befehle — Die kluge Sibylle verstand ihn, ging langsam zu Werke, klapperte scheinbar an der Thüre, und schmählte entsetzlich auf das strenge verrostete Schloß, da indeß ihre Gebieterin die nöthige Zeit gewann, mit Eau de Levante ihre Hände zu waschen, die hier und da von der verrätherischen Dinte noch glänzten, und auch den anklagenden Brief aus dem Wege zu schaffen. Mit gegenwärtigem Geiste, o wie liebenswürdig! ergriff sie ihn, zerquetschte seinen durchsichtigen Kavalier und das Posthorn *), und warf ihn klein gedrückt, hurtig unter das Bette; aber wie dauerte sie nicht der wohlgeschriebene Brief, als nur der nachbarliche Herr Pastor zur Kammerthür hereintrat. Einen solchen Wechsel von heftigem Schrecken und stiller Betrübniß empfand einst der freygeistische Desbarraux, als er sich zur Fastenzeit einen Eyerkuchen erlaubte. Schon hatte sein erzkatholischer Diener, blaß wie der Tod, das verbotene Gericht auf die einsame Tafel gesetzt, als ein geschwindes Gewitter am Himmel heraufzog, ein schrecklicher Schlag die näschichte Seele betäubte, und ihm den ersten Bissen im Munde zu Galle verwandelte. Was

*) Welches die Zeichen des sogenannten Kavalier- oder Postpapiers sind.

das für ein Lärmen um einen Eyerkuchen ist! schrie er halb unwillig, halb furchtsam; ergriff das rauchende Essen, und warf es im Eifer auf die beregnete Gasse; aber wie dauerte ihn nicht das verlorne gute Gericht, als das Gewitter vorüber ging! Beschämt warf er sich seine zaghafte Eilfertigkeit vor, und quälte aufs neue den abergläubischen Koch, ihm ein andres zu backen.

Kaum hatte der kriechende Pfarrherr seine ermüdeten Füße von dem niedrigen Armstuhle gestreckt, und mit gnädiger Erlaubniß die beklemmende Weste geöffnet, so verrichtete er seinen Antrag mit der unnöthigen Vorsicht eines Pedanten. Er lispelte heimlich der Gräfin und ihrer Vertrauten dieß anbefohlne Geheimniß ins Ohr: der gnädige Herr Hofmarschall werde dabei seyn — und keine, nein keine, als die gegenwärtigen Seelen konnten diese mystischen Worte vernehmen.

Welch ein Tiefsinn bedeckt' itzt mit den Fittigen der Mitternacht das Kabinet der schönen Klarisse! Ihre erfindungsreiche Liebe stritt immer mit der schwerfälligen Einsicht des Magisters: doch beide mußten sich der Erfahrung eines grauen Kammermädchens unterwerfen. Anschläge wurden gefaßt, untersucht, und durch neue verdrängt!

Lange ging das wichtige Projekt wie ein Würfel im Kreislaufe herum, ehe die ältliche Zofe mit der verschmitzten hohen Miene eines versuchten Ministers, ihre Gedanken in folgenden klugen Worten entdeckte: „Itzt, ehrwürdiger Herr, da sich Ihre Augen nach Ruhe sehnen, so hören Sie kürzlich meinen unmaßgeblichen Vorschlag: meine willige Stimme soll itzt dem Wächter des Hofes befehlen, daß sein sicheres Geleite Sie, den Windhunden vorbei, in die Stube führe, die unser Haushofmeister bewohnet. Dieser wird gern eine Nacht sein Bette mit Ihnen theilen, und morgen meldet er Sie bei dem gnädigen Grafen. Dann gehen Sie nur unerschrocken zu dem alten Papa; er wird Sie gewiß Ihrer Bitte gewähren; denn er liebet Sie von Herzen, und Ihre klagenden Jahrgänge haben seine hypochondrische Brust mit Ehrfurcht für Sie, Herr Pastor, erfüllet. Also schlafen Sie sanft! bis die Morgenröthe Ihre gestärkten Glieder zum fröhlichen Hochzeitfeste erweckt!“ Ein gütiger Lobspruch aus dem rosenfarbenen Munde der Gräfin belohnte die Einsicht der Zofe — auch der Magister wollte ihr gern seinen Beyfall darüber bezeigen, aber seine Worte verwandelten sich in gähnenden Mißlaut, daß er zu Hülfe ein beredtes Kopfnicken rief. In wenig Minuten war jeder wichtige Umstand nach Sibyllens Sinne geendet. Der Haushofmeister beherbergte den schnarchenden Magister, und die dunkelbraune Nacht verbarg seine heimliche Ankunft unter ihrem Schleyer vor der mißtrauischen Gouvernantin und vor dem murrenden Hofhunde.

Der volle Morgen hatte den hochgebornen Gerichtsherrn erweckt. Itzt überdenkt er noch im Bette den Zustand seines Magens und fordert mit schwelgerischer Neugier den frühen Küchenzettel — Da tritt der Haushofmeister herein, und meldet ihm die Beherbergung des verspäteten Pfarrherrn, und wie er itzt voller Verlangen Ihro Gräfliche Gnaden zu sprechen, vor der Kammerthüre lauschte. „Je, willkommen, werther Herr Pastor, willkommen!“ schrie der Graf dem Verliebten entgegen. Bückend trat dieser vor das Vorhangbette des Grafen, und sein schwerer Athem blies sogleich die hochzeitliche Bitte hervor, die er mit einer Menge von Wünschen beschloß, wozu ihm der Wechsel der Zeit die beste Gelegenheit darbot. Bei starkem ungeduldigem Herzklopfen wartete er nun, bis der Morgenhusten des stotternden Grafen sich legte — als er auf einmal diese deutliche Antwort vernahm: O sehr gern will ich meiner Tochter das Vergnügen erlauben, an Ihrem Ehrentage, lieber Herr Pastor, im schönsten Putze zu glänzen. Der priesterlichen Aufsicht überlassen, ist ihre Tugend sicherer, als unter meinem eignen Dache. Ja, mein Freund, verlassen Sie Sich darauf, sie soll Nachmittags mit sechs rüstigen Pferden vor Ihrer Hausthüre erscheinen, und das Hochzeitgeschenk will ich selber besorgen. Damit aber auch Sie, mein Lieber, Sich nicht vor Ihrer nahen Hochzeit ermüden, oder wieder beraubt werden, und sich im Walde verirren, so soll meine geschwinde Jagdchaise Sie itzt Ihren erwartenden Geschäften zurück führen, und meine aufrichtigen Wünsche sollen Ihnen folgen.“ Da ergriff der entzückte Magister die schwere Hand des Grafen von Nimmer, küßte sie hundertmal, und benetzte sie mit Thränen der Freude, die über seinen stachlichten Bart herunter rollten, wie ein plötzlicher Sommerregen über die glänzenden Stoppeln der Felder. Wie rechtmäßig war diese Freude; denn nach diesem Orakelspruche endigte sich alle sein Leiden. Halb war nun schon die Bedingung des Hofmarschalls erfüllt, und für die andere Hälfte wird die schöne Klarisse schon sorgen. Mit einem segnenden Komplimente verließ er die Stube des Grafen. An der Treppe lauerte die verschmitzte Sibylle auf ihn, und erforschte den Ausgang der Sache. Mit zwey kurzen Worten entdeckt' er ihr die gnädige Erlaubniß seines Patrons; und indem er sich in die Chaise warf, flog die erfreute Zofe zu ihrer Gebieterin. Nun beschäftigte die Wahl eines reizenden Putzes den ganzen Vormittag beide weibliche Herzen, und alles lag schon in der schönsten Ordnung, ehe der langsame Alte seiner Tochter die Bitte des Bräutigams, und seine eigene väterliche Erlaubniß anzukündigen glaubte. Sie hörte ihn an, als ob sie von nichts wüßte, und bedankte sich gleichgültig für die vergönnte Spatzierfahrt — und leichtfertig erkundigte sie sich nach den übrigen Gästen der priesterlichen Hochzeit: doch der gute Alte wußte ihr keine Nachricht zu geben. „Wer wird dabei seyn, sprach er, als seine Confratres vom Lande.“ Indessen klopfte das Herz der jungen Gräfin ungeduldig nach ihrem lieben Hofmarschalle, bis der geschäftige Putz die langen Minuten vertrieb, und ein sanfter Wagen die freundliche Göttin nebst ihrer vielfarbigen Iris aufnahm, und zu dem Hofe des traurigen Schlosses hinaus flog.

Fünfter Gesang.

Der glücklich angelangte Magister fand seine verrostete Pfarre zu einem Palaste verwandelt, als er hinein trat. Ein Dutzend Bediente seines gnädigen Gönners hatten in seiner Abwesenheit die herkulische Arbeit unternommen, Stuben und Kammern zu säubern, und in der Küche herrschte ein ansehnlicher Koch, dessen eigensinnige Befehle tausend Geräthe verlangten, deren Namen noch nie in diesem Dorfe waren gehört worden. Seine donnernden Flüche flogen in der Küche herum, daß der erschrockene Pfarrherr mit einem Schauer vorbei ging, sich in sein ruhiges Museum setzte, und das Gesangbuch zur Hand nahm. Als ein Fremdling in seiner eigenen Behausung, getrauete er sich nicht, itzt von dem vornehmen Koche etwas zu essen zu fordern; lieber versäumte er das Mittagsmahl, und tröstete sich politisch mit dem fröhlichen Soupe.

Die dritte kritische Stunde des Nachmittags brach an, und lud durch ihren Glanz den Neid des ungebetenen Superintendenten und aller Amtsbrüder auf den Hals des armen Verlobten. Strenge dich an, Muse! und hilf mir das Gewühl der Vornehmen beschreiben, die sich itzt in das Haus des Pfarrherrn| sammelten. Zuerst erschien der lackirte Schlitten des Hofmarschalls an der Spitze vieler andern. Vier deutsche Hengste, chinesisch geschmückt, zogen ihn, und ein vergoldeter Jupiter regierte den schnurrbärtigen Kutscher — Ein musikalisches Silbergeläute hüpfte auf dem Rücken der Pferde, indem unter ihren stampfenden Füßen die fröhliche Erde davon flog. Schon von ferne erkannte der zitternde Pfarrherr seinen Gönner, und an seiner Rechten die geputzte Braut. Mit unbedachtsamer Höflichkeit ging er dem fliegenden Schlitten entgegen — aber sein wilder Führer schwang die knallende Peitsche und wendete mit seinen vier Schimmeln in vollem Trabe um, daß der Magister, mit verzerrtem Gesichte, eilig wieder zurück sprang. Mit majestätischem Anstande stieg nun die einnehmende Wilhelmine von dem sammtenen Sitze, und da verrieth sich zugleich auf einige süße Augenblicke für den entzückten Bräutigam, ihr kleiner vorgestreckter Fuß bis an die Höhe des seidenen Strumpfbandes, auf welchem mit Pänktchen von Silber ein zärtlicher Vers des Voltaire gestickt war. Ach wohin weiß doch nicht ein französischer Dichter zu schleichen! Gesteht es nur, ihr Deutschen! bis dahin ist noch keiner von Euern größten Geistern gedrungen. So bald sie ausgestiegen war, umrauschte ein buntfarbiger Stoff diese verdeckten Schönheiten. Eine schneeweiße türkische Feder blähete sich auf ihrem gekräuselten Haare, und bog sich neugierig über ihren wallenden Busen, der unter den feinen Spitzen aus Brabant hervorblickte, wie der volle Mond hinter den Sprößlingen eines jungen Orangenwäldchens. Nach ihr sprang der ansehnliche Hofmarschall unter die Menge der erstaunten Bauern, die heute Arbeit und Tagelohn vergaßen, um das Fest ihres Hirten zu begaffen. Ein gewässertes Band hing schief über dem lazurblauen Sammte seines Kleides; und der milde Einfluß seines Gestirns zeigte sich auf allen Gesichtern, und nöthigte dem unhöflichen Drescher den Huth ab. Alle Blicke wandten sich itzt einzig auf den gestempelten Herrn — nicht einer fiel mehr auf Wilhelminen. Diese werden wir noch oft, dachten die Bauern, als Frau Magisterin bewundern, aber einen Hofmarschall sieht man nicht alle Tage. So vergißt man das alles bescheinende Licht des Olymps, wenn eine seltene Nebensonne erscheint, die plötzlich entsteht und verschwindet.

Ein anderer Schlitten, unter dem Zeichen des Mars, der — eine seltsame Erfindung des witzigen Bildhauers — auf einem Ladestock ritt, lieferte zwey aufgedünstete Müssiggänger am Hofe, Kammerherren genannt. Einst hatten sie in ihrer Jugend als hitzige Krieger einen einzeln furchtsamen Räuber verjagt, und sich und dem geängsteten Prinzen das Leben gerettet. Zur Belohnung hatten sie sich dieses unthätige Leben erwählt, genossen einer feistmachenden Pension, erzählten immer die große That ihres Soldatenstandes — und gönnten gern ihre lärmende Gegenwart einem jeglichen Schmause. So lebten einst die Erhalter des Kapitols, jene berühmten Gänse, von den Wohlthaten der dankbaren Römer; ohne Furcht, geschlachtet zu werden, fraßen sie den ausgesuchtesten Waizen von Latiums Feldern, für einen wichtigen Dienst, den eine jede andre schnatternde Gans mit eben der Treue verrichtet hätte. Der flüchtige Merkur und vier schnaubende Rappen brachten die pigmäische Figur eines affektirten Kammerjunkers gefahren. Stolz auf einen eingebildeten guten Geschmack, ersetzten seine reichen Kleider den Mangel seines Verstandes. Zuversichtlich besah er heut' eine glänzende Weste, die, wie die weiße Wamme eines drollichten Eichhörnchens, unter seinem rothplüschnen Rocke hervorleuchtete; und fröhlich dacht' er an die Verdienste der weit kostbarern zurück, die sich noch in seiner Garderobe befanden. Ein paar blitzende Steinschnallen, und eine Dose von Saint-Martin erschaffen, waren ihm das, was einem rechtschaffenen Manne ein gutes Gewissen ist — sie machten ihn zufrieden mit sich selbst, und dreist in jeder Gesellschaft. Itzt lief er gebückt in die Pfarre hinein; gebückt, als ob sein kleiner Körper befürchtete, an die altväterliche Hausthüre zu stoßen, die gothisches Schnitzwerk verbrämte. Nun aber kam unter der Anführung einer gefälligen Minerva ein einzelner vernünftiger Mann gefahren, der, wenig geachtet von den Weisen des Hofs, den Befehlen seines Herzens mit strengem Eigensinne folgte. Nie erniedrigte er sich zu der Schmeicheley, und nie folgte er der Mode des Hofes, die das Hauptlaster des Fürsten zu einer Tugend erhebt, und durch Nachahmung billigt. Vergebens — (konnt' es wohl anders seyn?) hofft' er in diesem Getümmel ein nahes Glück, hier wo man nur durch seine Ränke gewinnt, und wo die Blicke der Großen mehr gelten, als ein richtiger Verstand und Tugend und Wahrheit. Er war es, der Wilhelminen zuerst mit glimpflichen Worten vor der weiten Gefahr warnte, in die ihr Leichtsinn, und die verjährte List eines wollüstigen Hofs ihre Jugend verwickelte, der ihr zuerst den Gedanken erträglich und wünschenswerth machte, wiederum die heitere gesündere Luft ihres Geburtsorts zu athmen. Mit innrer Befriedigung sah er, daß der heutige Tag seine Bemühung krönte, und dieses frohe Gefühl beschäftigte ihn einzig in dem Taumel einer thörichten Gesellschaft. Ungern sah ihn der Hofmarschall in dem Kreise seiner Lust — Er aber trug ungekränkt diese ehrende Verachtung und gab sich gern einem unruhigen Tage Preis, um ein verirrtes Mädchen in einer glücklich entschlossenen Tugend zu stärken. Zischt ihn aus — ihr Lieblinge und Weisen des Hofs! Was helfen ihm alle seine Verdienste? Daß sie einst vielleicht, in Stein gehauen, auf seinem Grabmale sitzen und weinen? O wie thöricht! den Geboten des Himmels zu gehorchen, wo ein Fürst befiehlt, und auf dem einsamen Wege der Tugend zu wandeln, wo noch kein Hofmann eine fette Pfründe erreicht hat. Wenn eine falsche wankende Uhr des Stadthauses den Vorurtheilen der Bürger gebietet, so betrügt uns oft unsere wahre Kenntniß der Zeit um ihren Gebrauch; denn hier, wo ein jeder dem allgemeinen Irrthume folget, den eine summende Glocke ausbreitet, und die entfernte Sonne für nichts achtet, was hilft es hier dem gewissen Sternseher, daß er sich allein nach ihren Befehlen richtet — und den Wahn der Stadt verlachet — und seine Stunden nach der Natur mißt? Mit allen seinen Kalendern wird er bald sein Mittagsmahl — bald den Besuch bey seiner Geliebten und den Thorschluß versäumen.

Zwey würdige Gesellschafter beschlossen den Einzug in einem alten Schlitten, den ein unscheinbares Bildniß beschwerte — Ob es einen nervigten Vulkan oder einen aufgeblähten Midas vorstellte, war für die Kunstrichter ein Räthsel. Ein halbgelehrter Patricius, ehemaliger Hofmeister des Marschalls, am Stande, so wie an Wissenschaft, weder Pferd noch Esel — nahm die eine Hälfte des breternen Sitzes ein, und auf der andern saß ein graugewordener Hofnarr, der mühsam den ganzen Weg hindurch auf Einfälle dachte, in Versen und Prosa, die hohe Gesellschaft zu erlustigen: aber sein leerer Kopf blieb ohne Erfindung. Oft weinte der Arme, daß sein Alter ihm das Ruder aus den Händen wand, das er so lange glücklich regieret, und um welches sich itzt der fürstliche Läufer, der Oberschenk und eine dicke Tyrolerin rissen.

Niemand ward mehr erwartet, als die junge Komtesse. Der Hofmarschall stand unbeweglich an dem offenen Fenster, und seine feurigen Blicke fuhren, durch ein ungeduldiges Fernglas, auf den Weg hin, woher die schöne Klarisse kommen sollte. Wimmernd rang der angstvolle Magister die Hände, und versicherte ohn' Aufhören den argwöhnischen Hofmann: „die junge Dame werde gewiß kommen. Ach! sagte er, sie hat mir ja mit der aufrichtigsten Miene versprochen, meine schwere Bedingung erfüllen zu helfen, und sie wird mich gewiß nicht in meinen Nöthen verlassen.“ Unterdessen war auch schon der theure Mann angelangt, der dieß Brautpaar fester verbinden sollte. Auf dem benachbarten Dorfe, wo niemand die Reizungen einer Wilhelmine kannte, hatt' er von den drey Seiten seiner hölzernen Kanzel trotzig gefragt: ob jemand wider das Aufgebot seines Freundes etwas einzuwenden hätte? Und dreymal hatt' er die Verleumdung mit diesen mächtigen Worten gebannt: der schweige nachmals stille! Sein frommfarbichter Mantel bedeckt' ein wildes Herz; ohne Neigung war er ein Geistlicher, und in diesem gezwungenen Stande ward er selbst in einem Amte mager, das seit dreyhundert Jahren die Schwindsüchtigen fett gemacht hat. Mosheim und Cramern kannt' er nicht: er sprach aber gern von dem General Ziethen und von dem lustigen Treffen bei Roßbach. Seine Bauern, wild wie er selbst, konnt' er lange nicht durch die Bibel bezähmen — aber es glückte ihm nach einer neuen Methode. Denn eh' er seinen Rednerstuhl bestieg, besah er sein florentinisches Wetterglas, und rief prophetisch alle die Veränderungen von seiner Kanzel, die es ihm ankündigte. Bald wahrsagt' er der ungezognen Gemeinde Regen und Wind in der Heuerndte: bald aber beglückt' er sie, zum Trost, mit einem warmen Sonnenschein in der Weinlese. Die gerührten Bauern bewunderten den neuen Propheten, besserten ihr Leben, und besetzten seitdem alle Stähle der

Kirche. Nach einer lange gefeyerten Pause — erschien endlich die erseufzte Göttin, köstlich in ihrem Schmucke, und wunderschön von Natur: und welch ein Glück für den Hofmarschall! ohne Gouvernantin erschien sie. Die Furcht vor einem Hochzeitgeschenke hatte diese geizige Seele zurückgehalten; und die sonst nie von der Seite ihrer jungen Dame wich, überließ heute zum erstenmale den langbewahrten Schatz einem listigen Geliebten, der die Zeit zu gebrauchen wußte. Mit funkelnden Augen empfing er die Schöne, auf deren Wangen sich eine warme Röthe verbreitete, da sie ihm die glassirte Hand reichte, die auch in dem Augenblicke zärtlich gedrückt war. Und nun war die ganze Bedingung erfüllt, die das Schicksal des armen Dorfpfarrn bestimmte. Die vornehme Versammlung begleitete ihn zur vollen Kirche, wo er durch ein vielbedeutendes Ja! vor der ganzen Gemeinde gesprochen, von seiner reizenden Braut alle die mystischen Rechte der Ehe, und das beschlossene Glück und Unglück seines gefesselten Lebens, mit Freuden empfing. Mit einer zurückhaltenden bescheidenen Miene empfing auch sie von seinen Lippen das Blanket der Liebe, worauf die eigensinnige Zeit ihre Befehle schreiben wird, die kein Thränenguß auslöscht. Ein geheimer Neid saß in den glatten Stirnen und in den Runzeln der weiblichen Gemeinde: aber die Männer blickten ihren beweibten Hirten mit lächelndem Mitleid an; denn die Erinnerung ihres ehemaligen glücklichen Traums, der heut' auch über ihren Pfarrherrn schwebte — und das wache Bewußtseyn ihres itzigen Schicksals bracht' ein ernsthaftes Nachdenken in ihre Gemüther. Und nun besaß der Beglückte seine Braut, die ihm kein Sterblicher wieder entreißen konnte. Nun hab' ich sie endlich erhascht, die fröhlichen Minuten, dacht' er, die mir vier Jahre lang entwischt waren; und voll Empfindung seines Glücks drückt' er oft seiner angetrauten Wilhelmine die kleine Hand, und führte sie mit triumphirender Nase nach Hause. Aber ein wunderlicher unversehener Gedanke, der sich wider alles Vergnügen auflehnte, stieg itzt aus dem klopfenden Herzen der armen Verlobten empor — Ist dieß nicht, seufzte sie bei sich selbst, das Leichengepränge deiner Schönheit? Klägliches Geschenk der Natur, das keinem weniger hilft, als dem, der es besitzt! Was für unruhige Tage hast du mir nicht verursacht! und itzt begräbst du mich sogar in einer schmutzigen Pfarre! Aber ihr weiser Freund und

Rathgeber entdeckte kaum diesen unzufriednen Gedanken in ihrem bekümmerten Gesicht, als er durch einen ernsthaften Blick gen Himmel geschlagen, ihr denselben verwieß, sie mit ihrem Schicksal versöhnte, und ihr eine kleine tugendhafte Thräne ablockte.

Ein mathematischer Fourier hatt' indeß die hochzeitliche Tafel geordnet. Ehe man sich setzte, bewunderte man seinen Geschmack in einer minutenlangen Stille, und faltete dabei die Hände. Schimmernder Wein, der, wie die Begeisterung der Liebe, nicht beschrieben, nur empfunden werden muß, blickte durch den geruchvollen Dampf der theuren Gerichte, wie das Abendroth unter dem aufsteigenden Nebel hervor.

Itzt ergriff der schimmernde Hofmarschall die warme weiche Hand der blauäugichten Wilhelmine, führte sie an die oberste Stelle der Tafel, und bat den dankbaren Magister, sich neben seine Göttin zu setzen, und nicht durch den Zwang eines Neuvermählten die Freuden der Tafel zu stören. Ach! wie giebt hier die veränderliche Zeit ihr Recht zu erkennen! Er — der ehemals dem weinenden Pfarrherrn seine Geliebte entzog, giebt sie ihm itzt bei einem freygebigen Gastmahle geputzt und artig wieder zurück, und macht ihm alle sein ausgestandenes Leiden vergessen. So überschickt' einst der große Agamemnon seine Briseis dem belorberten Priester des Apoll, die der königliche Liebhaber der väterlichen Sehnsucht lange Zeit vorenthielt. Prächtige Geschenke, und eine Hekatombe mußten den Alten trösten, und seinen Gott versöhnen, und in hohen Tönen besang der Dichter der Ilias die Geschichte, wie ich itzt die Hochzeit eines Magisters besinge.

Der Schmaus ging an! Ein köstliches Gericht verdrängte das andere, und Bacchus und Ceres tanzten um den Tisch her. Der freymüthige Scherz, die feine Spötterey, und das fröhliche Lächeln, vertrieben unbemerkt die taumelnden Stunden des Nachmittags, und der Geist der Komtesse und des Champagners durchbrauste die fühlbaren Herzen der Gäste. Alles war munter und fröhlichen Muths. Nur der Magister und der Hofnarr — immer in sich gekehrt, saßen unruhig an der frohen Tafel. Den einen überfiel bald ein theologischer Scrupel, bald ein Gedanke seiner künftigen Liebe; und der andere ängstete sich heimlich, daß es in seinem Gehirne so finster, wie eine durchnebelte Winternacht, aussah. Wie oft buhlt' er vergebens um das belohnende Lächeln des Marschalls, und wie oft verfolgte sein schwerer Witz die flüchtigen Reden des lustigen Kammerjunkers! aber eh' er sie erreichte, waren sie von der Gesellschaft und von dem Redner selbst vergessen, und mit Verdrusse nahm er wahr, daß niemand seine Einfälle begriff, und alle seine witzige Mühe verloren ging. Ein alter hungriger Wolf schleicht so dem Fuchse nach, der unbekümmert durchs Gras scherzt, den verdrießlichen Räuber bald nach dieser bald nach jener Seite hinlockte, und endlich doch seiner groben Tatze entwischet. Zur Erholung der gesättigten Gäste, deren immer sich anstrengender Witz manchmal schlaff zu werden begonnte, rief der kluge Hofmarschall den Verstand des sinnreichen Konditors zu Hülfe, der so oft seine Wirkung zeigt, wenn die langweiligen Reden eines Fürsten seinen Hof einzuwiegen drohen — Und — auf einmal reizt eine überzuckerte Welt die weiten Augen der Gäste. Faunen und Liebesgötter und nackende Mädchen, in einem poetischen Brennofen gebildet, scherzten ohn' Aufhören im funkelnden Grase. In der Mitte entdeckte sich eine lachende Scene unter einer hohen arkadischen Laube, von ewigem Wintergrün: die porzelane

Zeit war es, die mit einer furchtbaren Hippe den zerbrechlichen Amor in der Laube herumjagte — O wie wird es ihm gehen, wenn er sich einholen läßt! denn der kleine lose Dieb hat der Zeit ihr Stundenglas listig entwendet, und schüttelt den Sand darinnen unter einander, worüber die hohe Gesellschaft sich innerlich freute. Ein voller Teller lustiger Einfälle, in buntem Kraftmehle gebacken, streute neues Vergnügen über die Tafel. Welche Vermischung von Dingen! Stiefeln und Unterröcke, Ferngläser und Schnürbrüste, Küraß' und Palatins, Spiegel und Larven, klapperten unter einander. Jedes öffnet' eine Figur, die ihm das Ohngefähr oder seine Neigung in die Hand gab; und die ausgewickelten Orakelsprüche wurden laut gelesen. Ein Putzkopf lieferte dem Hofmarschall eine feurige Liebeserklärung — Lächelnd sah er seine gräfliche Nachbarin an, und überreicht' ihr die bunten Loose. Sie ergriff einen Federhuth, und las stotternd eine prophetische Beschreibung des verliebten Meineids ab. Furchtsam gab sie den Teller von sich — Ein ungesalznes Epigramm auf den Hymen lag in einem Strohhute gehüllt, und ward von dem Kammerjunker aus seinem Staube gezogen, und mit lautem Lachen ausposaunt — Die lose Wilhelmine zerrieb eine Knotenperücke, die in Knittelversen den Kammerjunker würdig widerlegte — Nach ihr ergriff, aus verliebter Ahndung, der Magister ein schneeweißes Herz, worein eine witzige 3 geätzt war. Bedächtlich öffnet' er es und fand diese wenigen Worte: ich liebe einen um den andern — Wer hätt' es diesem falschen Herzen ansehn sollen, rief er voller Verwunderung, und klebte mühsam die beiden Hälften wieder zusammen. Alle noch übrige Devisen wurden von den beiden Kammerherren und dem Hofnarren zerknickt, die ganz still die noch verborgenen Schätze des Witzes für sich einsammelten, wie der Geizhals das wohlfeile Korn auf die theuern Zeiten der Zukunft.

Die verdrießliche Langeweile fing wieder an, den angenehmen Lärm der Gesellschaft zu unterdrücken, als der schlaue Hofmarschall es zeitig bemerkte, und ein frohmachendes Hochzeitgeschenk aus seiner Tasche hervorzog. Er wickelt' es aus dem umhüllten Papier, und ermunterte die übrigen Gäste, seinem Beyspiele zu folgen. Ungezwungen stellt' er sich hinter den Stuhl der angenehmen Braut, und hing ihr ein demantnes

Kreuz um, das an einem schwarz moorirten Bande zwischen dem schönen Busen hinunter rollte — O was für ein Bewußtseyn durchströmt' itzt die blutvollen Wangen der Schönen! Mit ungewisser Stimme dankte sie dem galanten Herrn. Lange konnte sie nicht ihre widerstrebenden Augen in die Höhe schlagen, und die unzeitige Schaam brachte sie in eine kleine Verwirrung. Ein solches Gefühl durchdringt oft die treulose Brust eines Hofmanns, wenn sie nun zum erstenmale unter dem ertheilten Ordenssterne klopfet. Furchtsam glaubt' er, die Gemahlin des Fürsten möchte das Verdienst errathen, das ihm dieß Ehrenzeichen erwarb. Selbst den ihm unbekannten lakonischen Worten des Sterns trauet er nicht, und er wird es nicht eher wagen, sich unter seinen Neidern zu brüsten, bis ihm sein trostreicher Schreiber die goldenen Buchstaben verständlich gemacht hat.

Was für köstliche Geschenke häuften sich nicht in dem Schooße der glücklichen Wilhelmine — Spitzen und Ringe und Dosen und künstliche Blumen — Ach! dachte der Pastor — ach! so viel Reichthum habe ich ja nicht in meinem zehnjährigen beschwerlichen Amte gesammelt — und wie wunderbar! als Herr seines Weibes dankt' Er — auch Er! seinen großmüthigen Gönnern für diese Geschenke. Man sah es an dem satyrischen Lächeln der Gäste, wie gut seine fröhlichen Danksagungen angebracht waren.

Sechster Gesang.

So endigte sich das fröhliche Hochzeitmahl. Die trunkenen Gäste taumelten in dem kleinen Raume des Zimmers immer wider einander. Ein Evan Evoe umschallte die Wände; Leuchter und Stühle drehten sich in einem Kreis herum, und unvollendete Lieder und halbgestohlne Küsse erfüllten die Luft. Die zerstreuten Kammerherren, ohne Gedanken, in welchem frommen Hause sie lebten, riefen nach einer Karte zum Pharao — die junge Komtesse, ihres jungfräulichen Zwanges, und ihrer Gouvernantin uneingedenk, stellte sich mit dem freundlichen Hofmarschall in den einsamen Bogen des Fensters, und dieser genoß der süßen Betäubung der Schönen, so gut als er vermochte. Der kindische Kammerjunker versuchte seinen Witz an dem schläfrigen Hofnarren, und alle Vortheile, die er über ihn erhielt, erzählt' er mit lautem Triumphe der aufmerksamen Gesellschaft — Aber alle verachteten die harmonische Erinnerung des Nachtwächters, und übersahen das politische Gähnen des Neuvermählten, und lachten alle den Mond an. So taumeln oft die vermummten Geschöpfe einer Maskerade widersinnig unter einander, vergessen ihre Verkleidung, um nach dem Trieb' ihrer Sinne zu handeln — Rabbi Moses zieht die verkappte Nonne zum schwäbischen Tanz auf, oder fordert ein Stück schmackhafte Cervelatwurst. Der lange Türke trinkt im falben Burgunder die Gesundheit des allerchristlichsten Königs, und die stroherne Pyramide fängt an, Knaster zu rauchen.

Itzt ging der ungeduldige Ehemann in seine einsame Studierstube — verwünschte seine lärmenden Gäste, und rief also zum Amor: „O du mächtiger Sohn der Cythere! hast du mir deinen Schutz darum angeboten, und mich deines Rathes gewürdiget, um mich itzt desto mehr zu kränken, und mein dankbares Herz wider dich zu empören? Was hilft es, daß du mich nach den Reizungen meiner Wilhelmine hast schmachten gelehrt, und daß du mich durch ihr melodisches Jawort beglückt hast — Was hilft es, daß mir dieser Tag in der schönsten Feyer entflohen ist, wenn meine erste Brautnacht langweilig und ungefeyert davon zieht? Die lächelnde Morgenröthe wird mich spottend an die neue Bekanntschaft einer Freud' erinnern, die wider mein Verschulden mir fremd geblieben ist, und Wilhelmine wird mir mit ernsthaftem Lächeln in das Gesicht sehn, wenn sie die glückwünschenden Bauern Frau Magisterin grüßen. Diese Nacht, o Sohn der Venus, nur diese einzige Nacht, beherrschest du noch mit dem Hymen in gemeinschaftlicher Ehre — So laß mir doch nicht durch das wilde Getöse der geputzten Höflinge, und durch das Wiehern ihrer Pferde, diese glücklichen Stunden entziehen, die keine Macht vermögend ist, mir wieder zurück zu führen, sollten sie einmal davon seyn!" Diese Seufzer des unruhigen Magisters brachten den Stolz des kleinen Gottes in Bewegung. Er freute sich, daß der dankbare Vermählte, nicht trotzig auf die dienstbare Hülfe des Hymen, des Amors Freundschaft noch suchte. Gütig entschloß er sich, dem Verliebten zu helfen, und den Jupiter und des Pantheons verirrte Bewohner und Ritter und Pferde hinaus zum Dorfe zu jagen. Welch ein heroisch Unternehmen — Welch eine That!

Recht zu gelegner Zeit fiel dem kleinen Helden

der Trojanische Brand ein, der die trotzige Garnison der Griechen nöthigte, den flammenden Platz zu verlassen, und diese so oft besungene schreckliche Geschichte gab ihm eine sinnreiche Kriegslist an die Hand, die er mit Glück und Tapferkeit ausführte. Er drehet' aus den Händen des gefesselten Hymen die hochzeitliche Fackel, die lichterloh brannte, und stahl sich unvermerkt in die Küche des Pfarrherrn. Von der edlen Kochkunst verlassen, die vor kurzem zwanzig schöpferische Hände darinne beschäftigte, ruht itzt eine finstere Traurigkeit unter ihren Gewölben. Auf dem warmen Herde lag eine ungebrauchte Speckseite in der aufgehäuften Asche verborgen, woran die ganze große geschwänzte Armee des scherzhaften Mäonides sich hätte sättigen können. Dieses ungeheure Magazin steckte der freybeutische Amor mit abwärts gesenkter Fackel in Brand. Auf einmal flog es, durch die fettige Flamme belebt, in die schwarze Esse, die sich rauschend entzündete — und ihr blutrothes Feuer dem Firmamente zuwälzte — Es war geschehen — Amor schüttelte seine Flügel und floh, und stellte sich auf die knarrende Fahne des Kirchthurms. Hier stand er, wie Nero, als er mit grausamer Wollust seine

Residenz brennen sah, freute sich seines gelungenen Anschlags, und erwartete den erschrecklichen Ausgang — Und nun — o Muse! hilf mir das Getümmel beschreiben, das in dem Hause des Magisters entstand, als die gräßliche feyerschreyende Stimme sich über das aufgeschreckte Dorf ausbreitete. Das hohle furchtbare Getöne der stürmenden Glocken, die ein angstvoller Cantor unermüdet läutete, verkündigte den verzagten Matronen ihren Untergang, und das Geschrey der Kinder, und das Pochen der Nachbarn und das Bellen der Hunde, machte eine finstere unglückliche Nacht noch schrecklicher. Von dem stummen Entsetzen geführt, kam die verlorene Nüchternheit itzt wieder in die Versammlung der Hochzeitgäste zurück. Doch kaum begriffen sie das drohende Unglück ihres betrübten Wirths, so flohen sie ihn, als wahre Hofleute, mit eilenden Füßen, und nach einem kurzen gleichgültigen Lebewohl! verließen sie alle das neue Ehepaar in Thränen. Aber, wie ehmals der junge Aeneas seinen alten frommen Vater aus dem flammenden Troja trug; so umfaßt' itzt der getreue Hofmarschall seine weinende Klarisse, und durch die Liebe gestärkt, verachtet' er alle Gefahren. Das Feuer prasselt' über sein

Haupt, und die Wellen des Fischbeinrocks schlugen über seine zerrissenen Haarlocken zusammen — dennoch bracht' er sie glücklich an ihre sichere Karosse, und übergab sie den Händen ihrer schützenden Zofe. Und wie der unerschrockne Weise, gegenwärtig in den größten Bedrängnissen, sich noch um Kleinigkeiten des Lebens bekümmert, oder so, wie der größte Lips Tullian auf dem Richtplatze, da schon der Stab gebrochen ist, noch für seine Nase besorgt, um eine Prise Rappé bat — noch schnupft' er ihn mit süßer Empfindung, in dieser entscheidenden furchtbaren Minute — reckte darauf mit einem Seufzer den Hals dar, und befand sich in der andern Welt, eh' er — niesen konnte — eben so nahm noch itzt der Hofmarschall drey verliebte Küsse von seiner beängstigten Schönen, und warf sich mit unterdrückter Sehnsucht in seinen fortschallenden Schlitten. Das Zeichen war gegeben, und nun flogen alle die unbändigen Pferde mit ihren Rittern davon, die mit stillem Vergnügen über ihre Sicherheit, oft nach der brennenden Pfarre zurück sahn.

Kaum war die lärmende Versammlung der Götter- und Menschengestalten zum Dorfe hinaus, so gebot Amor: das Feuer sollte verlöschen — und es verlosch. Zwar verkannte der blinde Pöbel die Hülfe des Amors, und jauchzend dankten die Bauern ihre Rettung einem schwarzen Dämon, der es gewagt hatte, aufs priesterliche Dach zu steigen, wo er, dem Feuer zum Opfer, eine arme geraubte Najade der Elbe, in den schwarzen Abgrund hinunter stieß, daß ihre zerschmetterten Glieder in einer schmutzigen Küche ein unbekanntes Grabmal bedeckte.

Nun brachte der Gott der Liebe dem Hymen die hochzeitliche Lunte wieder zurück; darauf ging er Hand in Hand mit ihm, zu dem getrösteten Verliebten, und sammelte seine entzückten Danksagungen in den leeren Köcher; denn der kleine Held hatte den Tag über alle seine Pfeile verschossen. Die noch übrige Nacht hindurch wacht' er an dem rauschenden Brautbett', und da der Morgen anbrach, erhob er sich fröhlich in den Olymp auf den Strahlen der Sonne, die zuerst dem frohen Magister die Mischung von Schaam und gedemüthigter Sprödigkeit auf den Wangen seiner zufriednen Schönen sichbar machten, und ihn zu neuen Morgenküssen erweckten. Wie reizend blickte nicht die vollendete Braut ihrem glücklichen Sieger in das männliche Gesicht! Gleich einer jungen Rose, die sich unter dem schwarzen Gefieder einer einzigen balsamischen Nacht entfaltet. Der überhangende Phöbus trifft sie in ihrem vollen Schmucke an, und vergebens bemühen sich seine brennenden Strahlen, sie noch mehr zu entwickeln.

Itzt stand der kleine Amor vor seiner freundlichen Mutter, und erzählt' ihr in scherzhafter Prahlerey seine Kriegslist und seinen Triumph, daß seine Stimme durch den Olymp schallte, und selbst die bescheidenen Musen ihm Beyfall zuwinkten. Ihr Lächeln löste sich in einen sanften geistigen Sonnenschein auf, wovon ein goldener Blick in die Welt drang, und unter so vielen tausend poetischen Seelen die meinige allein begeisterte. Ich hab' alles gethan, was meine Muse befahl; ich habe das Elend des verliebten Magisters, und seine fröhliche Hochzeit besungen, und hab' ein Werk verrichtet, das durch eine schöne Druckerpresse vervielfältigt, der Vergänglichkeit trotzen kann.

FSC
www.fsc.org
MIX
Papier | Fördert
gute Waldnutzung
FSC® C083411

Kolibri 360 GmbH
Ferdinand-Jühlke-Straße 7
99095 Erfurt, Deutschland
produktsicherheit@kolibri360.de